罗霄山脉生物多样性考察与保护研究

罗霄山脉
脊椎动物图鉴

刘 阳 王英永 吴 毅
欧阳珊 吴 华 陈春泉 　主编

科学出版社
北 京

内 容 简 介

本书基于 2013～2018 年国家科技基础性工作专项"罗霄山脉地区生物多样性综合科学考察"所收集到的图片和相关资料,系统地展示了罗霄山脉脊椎动物主要类群及其图像、生境等信息。本书收录罗霄山脉脊椎动物共 657 种,精选了科考中野外拍摄的照片和部分标本图像,包括本次科考所发表的新种照片,其中部分新种照片是首次公开发表。本书是《罗霄山脉动物多样性编目》的姐妹篇,两者可配合使用。本书可为开展罗霄山脉脊椎动物分类鉴定以及资源保护、管理、科普宣教等提供基础资料。

本书可供生物学、生态学、林学、资源学、保护生物学等领域的科研人员和高等学校师生参考,也可供政府、企业和自然保护地的专业人员,以及科普教育工作者和自然爱好者阅读。

图书在版编目(CIP)数据

罗霄山脉脊椎动物图鉴 / 刘阳等主编. —北京:科学出版社,2022.11
(罗霄山脉生物多样性考察与保护研究)
ISBN 978-7-03-073593-5

Ⅰ. ①罗… Ⅱ. ①刘… Ⅲ. ①脊椎动物门 - 中国 - 图集
Ⅳ. ①Q959.308-64

中国版本图书馆CIP数据核字(2022)第198908号

责任编辑:王 静 王 好 / 责任校对:郑金红
责任印制:肖 兴 / 书籍设计:北京美光设计制版有限公司

科学出版社 出版
北京东黄城根北街16号
邮政编码:100717
http://www.sciencep.com

北京汇瑞嘉合文化发展有限公司 印刷
科学出版社发行 各地新华书店经销

*

2022年11月第 一 版 开本:889×1194 1/16
2022年11月第一次印刷 印张:26
字数:842 000

定价:398.00元
(如有印装质量问题,我社负责调换)

罗霄山脉生物多样性考察与保护研究
编委会

《罗霄山脉脊椎动物图鉴》编委会

照片拍摄者　白皓天　曹叶源　岑　鹏　陈青骞　陈熙文　陈重光
　　　　　　戴美洁　董文晓　杜芝莹　郭　琴　韩乐飞　胡伟宁
　　　　　　黄　秦　黄世桂　黄裕炜　焦庆利　郎东忱　雷　磊
　　　　　　黎丽燕　李　鹏　李思琪　李兴宇　李玉龙　梁智健
　　　　　　廖之锴　刘　阳　刘成一　刘雄军　罗冬梅　吕植桐
　　　　　　莫晓东　欧阳珊　彭猛威　齐　硕　钱　程　乔今朝
　　　　　　瞿俊雄　单　成　谭　陈　田　竹　屠彦博　万　涵
　　　　　　王　健　王吉衣　王升艺　王似奇　王英永　吴　华
　　　　　　吴　毅　吴灏霖　吴小平　习佳正　谢广龙　邢超超
　　　　　　许　杰　余文华　臧少平　曾　晨　曾　莹　曾秀丹
　　　　　　赵　健　周冬临　周钟琪　朱永亨

主要协助机构

　　　　　　江西省林业局　　吉安市林业局　　井冈山管理局
　　　　　　江西官山国家级自然保护区管理局贵州科学院
　　　　　　湖南省林业局
　　　　　　湖南桃源洞国家级自然保护区管理局
　　　　　　湖北省九宫山国家级自然保护区管理局

序 一

　　建设生态文明，关系人民福祉，关乎民族未来。党的十八大以来，以习近平同志为核心的党中央从坚持和发展中国特色社会主义事业、统筹推进"五位一体"总体布局的高度，对生态文明建设提出了一系列新思想、新理念、新观点，升华并拓展了我们对生态文明建设的理解和认识，为建设美丽中国、实现中华民族永续发展指明了前进方向、注入了强大动力。

　　习近平总书记高度重视江西生态文明建设，2016年2月和2019年5月两次考察江西时都对生态建设提出了明确要求，指出绿色生态是江西最大财富、最大优势、最大品牌，要求我们做好治山理水、显山露水的文章，走出一条经济发展和生态文明水平提高相辅相成、相得益彰的路子；强调要加快构建生态文明体系，繁荣绿色文化，壮大绿色经济，创新绿色制度，筑牢绿色屏障，打造美丽中国"江西样板"，为决胜全面建成小康社会、加快绿色崛起提供科学指南和根本遵循。

　　罗霄山脉大部分在江西省吉安境内，包含5条中型山脉及其中的南风面、井冈山、七溪岭、武功山等自然保护区、森林公园和自然山体，保存有全球同纬度最完整的中亚热带常绿阔叶林，蕴含着丰富的生物多样性，以及丰富的自然资源库、基因库和蓄水库，对改善生态环境、维护生态平衡起着重要作用。党中央、国务院和江西省委省政府高度重视罗霄山脉片区生态保护工作，早在1982年就启动了首次井冈山科学考察；2009~2013年吉安市与中山大学联合开展了第二次井冈山综合科学考察。在此基础上，2013~2018年科技部立项了"罗霄山脉地区生物多样性综合科学考察"项目，旨在对罗霄山脉进行更深入、更广泛的科学研究。此次考察系统全面，共采集动物、植物、真菌标本超过21万号30万份，拍摄有效生物照片10万多张，发表或发现生物新种118种，撰写专著13部，发表SCI论文140篇、中文核心期刊论文102篇。

　　"罗霄山脉生物多样性考察与保护研究"丛书从地质地貌，土壤、水文、气候，植被与植物区系，大型真菌，昆虫区系，脊椎动物区系和生物资源与生态可持续利用评价等7个方面，以丰富的资料、翔实的数据、科学的分析，向世人揭开了罗霄山脉的"神秘面纱"。进一步印证了大陆东部是中国被子植物区系的"博物馆"，也是裸子植物区系集中分布的区域，为两栖类、爬行类等各类生物提供了重要的栖息地。这一系列成果的出版，不仅填补了吉安在生物多样性科学考察领域的空白，更为进一步认识罗霄山脉潜在的科学、文化、生态和自然遗产价值，以及开展生物资源保护和生态可持续利用提供了重要的科学依据。成果来之不易，饱含着全体科考和编写人员的辛勤汗水与巨大付出。在第三次科考的5年里，各专题组成员不惧高山险阻、不畏酷暑严寒，走遍了罗霄山脉的山山水水，这种严谨细致的态度、求真务实的精神、吃苦奉献的作风，是井冈山精神在新时代科研工作者身上的具体体现，令人钦佩，值得学习。

　　罗霄山脉是吉安生物资源、生态环境建设的一个缩影。近年来，我们深入学习贯彻习近平生态文明思想，努力在打造美丽中国"江西样板"上走在前列，全面落实"河长制""湖长制"，全域推开"林长制"，着力推进生态建养、山体修复，加大环保治理力度，坚决打好"蓝天、碧水、净土"保卫战，努力打造空气清新、河水清澈、大地清洁的美好家园。全市地表水优良率达100%，空气质量常年保持在国家二级标准以上。

　　当前，吉安正在深入学习贯彻习近平总书记考察江西时的重要讲话精神，以更高标准推进打造美丽中国"江西样板"。我们将牢记习近平总书记的殷切嘱托，不忘初心、牢记使命，积极融入江西省国家生态文明试验区建设的大局，深入推进生态保护与建设，厚植生态优势，发展绿色经济，做活山水文章，繁荣绿色文化，筑牢生态屏障，努力谱写好建设美丽中国、走向生态文明新时代的吉安篇章。

　　是为序。

胡世忠

江西省人大常委会副主任、吉安市委书记

2019年5月30日

序 二

　　罗霄山脉地区是一个多少被科学界忽略的区域，在《中国地理图集》上也较少被作为一个亚地理区标明其独特的自然地理特征、生物区系特征。虽然1982年开始了井冈山自然保护区科学考察，但在后来的20多年里该地区并没有受到足够的关注。胡秀英女士于1980年发表了水杉植物区系研究一文，把华中至华东地区均看作第三纪生物避难所，但东部被关注的重点主要是武夷山脉、南岭山脉以及台湾山脉。罗霄山脉多少被选择性地遗忘了，只是到了最近20多年，研究人员才又陆续进行了关于群落生态学、生物分类学、自然保护管理等专题的研究，建立了多个自然保护区。自2010年起，在江西省林业局、吉安市林业局、井冈山管理局的大力支持下，在2013～2018年国家科技基础性工作专项的支持下，项目组开始了罗霄山脉地区生物多样性的研究。

　　作为中国大陆东部季风区一座呈南北走向的大型山脉，罗霄山脉在地质构造上处于江南板块与华南板块的结合部，是由褶皱造山与断块隆升形成的复杂山脉，出露有寒武纪、奥陶纪、志留纪、泥盆纪等时期以来发育的各类完整而古老的地层，记录了华南板块6亿年以来的地质史。罗霄山脉自北至南又由5条东北—西南走向的中型山脉组成，包括幕阜山脉、九岭山脉、武功山脉、万洋山脉、诸广山脉。罗霄山脉是湘江流域、赣江流域的分水岭，是中国两大淡水湖泊——鄱阳湖、洞庭湖的上游水源地。整体上，罗霄山脉南部与南岭垂直相连，向北延伸。据统计，罗霄山脉全境包括67处国家级、省级、市县级自然保护区，34处国家森林公园、风景名胜区、地质公园，以及其他数十处建立保护地的独立自然山体等。

　　罗霄山脉地区生物多样性综合科学考察较全面地总结了多年来的调查数据，取得了丰硕成果，共发表SCI论文140篇、中文核心期刊论文102篇，发表或发现生物新种118个，撰写专著13部，全面地展示了中国大陆东部生物多样性的科学价值、自然遗产价值。

　　其一，明确了在地质构造上罗霄山脉南北部属于不同的地质构造单元，北部为扬子板块，南部为加里东褶皱带，具备不同的岩性、不同的演化历史，目前绝大部分已进入地貌发展的壮年期，6亿年以来亦从未被海水全部淹没，从而使得生物区系得以繁衍和发展。

　　其二，罗霄山脉是中国大陆东部的核心区域、生物博物馆，具有极高的生物多样性。罗霄山脉高等植物共有325科1511属5720种，是亚洲大陆东部冰期物种自北向南迁移的生物避难所，也是间冰期物种自南向北重新扩张等历史演化过程的策源地；具有全球集中分布的裸子植物区系，包括银杉属、银杏属、穗花杉属、白豆杉属等共6科21属32种，以及较典型的针叶树垂直带谱，如穗花杉、南方铁杉、资源冷杉、白豆杉、银杉、宽叶粗榧等均形成优势群落。罗霄山脉是原始被子植物——金缕梅科（含蕈树科）的分布中心，共有12属20种，包括牛鼻栓属、金缕梅属、双花木属、马蹄荷属、枫香属、蕈树属、半枫荷属、檵木属、秀柱花属、蚊母树属、蜡瓣花属、水丝梨属；

也是亚洲大陆东部杜鹃花科植物的次生演化中心，共有9属64种，约占华东五省一市杜鹃花科种数（81种）的79.0%。同时，与邻近植物区系的比较研究表明，罗霄山脉北段的九岭山脉、幕阜山脉与长江以北的大别山脉更为相似，在区划上两者组成华东亚省，中南段的武功山脉、万洋山脉、诸广山脉与南岭山脉相似，在区划上组成华南亚省。

其三，罗霄山脉脊椎动物（鱼类、两栖类、爬行类、鸟类、哺乳类）非常丰富，共记录有132科660种，两栖类、爬行类尤其典型，存在大量隐性分化的新种，此次科考发现两栖类新种13个。罗霄山脉是亚洲大陆东部哺乳类的原始中心、冰期避难所。动物区系分析表明，两栖类在罗霄山脉中段武功山脉的过渡性质明显，中南段的武功山脉、万洋山脉、诸广山脉属于同一地理单元，北段幕阜山脉、九岭山脉属于另一个地理单元，与地理上将南部作为狭义罗霄山脉的定义相吻合。

其四，针对5条中型山脉，完成植被样地调查788片，总面积约58.8万m²，较完整地构建了罗霄山脉植被分类系统，天然林可划分为12个植被型86个群系172个群丛组。指出了罗霄山脉地区典型的超地带性群落——沟谷季风常绿阔叶林为典型南亚热带侵入的顶极群落，有时又称为季雨林（monsoonrainforest）或亚热带雨林[①]，以大果马蹄荷群落、鹿角锥-观光木群落、乐昌含笑-钩锥群落、鹿角锥-甜槠群落、蕈树类群落、小果山龙眼群落等为代表。

毫无疑问，罗霄山脉地区是亚洲大陆东部最为重要的物种栖息地之一。罗霄山脉、武夷山脉、南岭山脉构成了东部三角弧，与横断山脉、峨眉山、神农架所构成的西部三角弧相对应，均为生物多样性的热点区域，而东部三角弧似乎更加古老和原始。

秉系列专著付梓之际，乐为之序。

王伯荪
2019年6月25日

---

① Wang B S. 1987. Discussion of the level regionalization of monsoon forests. Acta Phytoecologicaet Geobotanica Sinica, 11(2):154-158.

前　言

　　罗霄山脉位于中国大陆东南部，纵跨湖北、湖南、江西三省，是一座历史悠久、成因复杂、总体呈南北走向的大型山脉。罗霄山脉由五列东北—西南走向的次级山脉以及山脉间的盆地所共同构成，由南向北依次为：诸广山脉、万洋山脉、武功山脉、九岭山脉、幕阜山脉。湖南境内最高峰为翿峰，海拔2122m。江西境内最高峰为南风面，海拔2120m。区域内的最低海拔仅为82m，落差超过2000m。罗霄山脉地势在抬升过程中形成众多的微地貌类型，原生植被在长期的演化过程中形成众多不同的植被类型，多样化的生态环境孕育了丰富的植物区系，也为各类动物提供了丰富的食物资源和栖息场所，孕育着较高的物种多样性。罗霄山脉地区是中国大陆东部第三级阶梯最重要的气候和生态交错区，也是亚洲大陆第三纪古植被、生物区系的重要避难所，更是冰后期物种重新扩张的策源地。

　　罗霄山脉是中国东部最重要的脊椎动物的栖息地之一。脊椎动物位于食物网的中部和顶部，在生态系统的物质传递和能量流动中扮演着重要角色。研究一个地区脊椎动物的物种多样性，有助于了解该地区生态系统的状态及变化趋势。此外，一些陆生脊椎动物，如哺乳类和鸟类，容易受到人为因素的影响致使种群数量下降，被国家或者地方保护名录列为濒危物种。两栖动物和爬行动物的扩散能力差，对地域性小生境的依赖性强，在一些山脉或者特殊地貌下形成特有物种。因此，研究这些物种的分布和种群数量状况，可以为制定更加有效的保护措施提供科学依据。

　　改革开放以来，罗霄山脉已有的脊椎动物研究主要集中于对单个保护区或单座山的资源调查。例如，江西的庐山国家级自然保护区、官山国家级自然保护区、九岭山国家级自然保护区、齐云山国家级自然保护区、武功山国家森林公园及湖南桃源洞国家级自然保护区均开展过鸟类、兽类、两栖类和爬行类动物的资源专项调查。罗霄山脉脊椎动物调查最为系统的应该是在井冈山地区，不仅发现了一些物种的新记录，还发表了两栖动物新种——井冈角蟾*Boulenophrys jinggangensis*、林氏角蟾*Boulenophrys lini*、陈氏角蟾*Boulenophrys cheni*。在鸟类方面，罗霄山脉中段井冈山-南风面-遂川还是很多鸟类由华中、华北及以远地区向华南集中迁徙的重要通道，因此在此地长期开展鸟类环志和监测工作。尽管如此，罗霄山脉大部分地区未进行过深入的科学考察研究，整体性、系统性资料匮乏。

　　2013～2018年，国家科技基础性工作专项"罗霄山脉地区生物多样性综合科学考察"（项目编号2013FY111500）在江西、湖南、湖北三省交界地区顺利开展，其中动物调查部分对鱼类、两栖类、爬行类、鸟类、哺乳类动物开展了全面而又系统的调查。调查共记录脊椎动物35目137科657种，其中，鱼类共记录5目17科113种，两栖类2目8科56种，爬行类2目15科68种，鸟类19目

70科333种，哺乳类7目27科87种①。这些物种的信息和分布资料全面地揭示罗霄山脉脊椎动物多样性，为罗霄山脉的保护管理提供基础数据支撑。本次科考发现了一系列的动物新物种，共发现两栖类新种22个，爬行类新种2个，新记录属3个，省级物种分布新记录7个。同时，发现了鸟类省级新记录2种，兽类省级新记录5种。这些科考的新成果为修订其受胁和保护、地理分布提供了更加精确的数据。

本次科考历时5年，通过系统的调查研究获得了大量本底数据、凭证材料和实验数据，比较全面地揭示了罗霄山脉脊椎动物的生物多样性。作为"罗霄山脉生物多样性考察与保护研究"丛书其中一册，《罗霄山脉脊椎动物图鉴》从我们收集的大量资料中选取了精美的图片，有些照片是本次科考中所获得的标本（部分脊椎动物）和野外照片（脊椎动物）的佐证，其中一些新种的照片是首次公开发表。本书与《罗霄山脉动物多样性编目》配合使用，系统地展示了罗霄山脉主要脊椎动物类群的多样性，为地方政府的保护管理者和科学工作者的参考提供了便利，也可以为罗霄山脉动物资源保护、管理、科普宣教提供基础资料。

本书立足于本次科考所收集的大量标本、影像资料。书中所收录的种类绝大多数都是在本次科考活动中有标本和影像记录的，作者依据这些证据所鉴定；亦有少量物种来源于文献中记录于罗霄山脉地区，作者经过核实确切在本区域分布的；还有一些物种虽在罗霄山脉地区有分布，但由于科考时间和拍摄条件所限，没有影像记录，作为补充内容（见附录）。

在本书即将付梓之际，我们衷心地感谢科技部、江西省林业局、中山大学对项目的大力支持；感谢吉安市林业局、井冈山管理局、江西官山国家级自然保护区管理局、贵州科学院、湖南省林业局、湖南桃源洞国家级自然保护区管理局、湖北九宫山国家级自然保护区，以及江西省、湖南省、湖北省在罗霄山脉范围内的各级自然保护区管理局、国家森林公园、各县林业局、地方乡镇政府等在科考中的帮助。感谢白皓天、王鹏程、阙品甲、曾晨在图片收集和整理中的帮助。

受一手考察资料和作者水平所限，本书不足之处在所难免，敬请读者批评和指正。

编　者
2022年4月

① 在罗霄山脉地区生物多样性综合科学考察项目结题之后，研究团队继续对调查所获得的标本、音视频资料进行了研究和分析，结合最新的物种分类系统，对个别物种的分类地位进行了厘定和修正，因此本书收录的物种与《罗霄山脉动物多样性编目》略有出入。

目 录

第5章　罗霄山脉哺乳动物

第 **1** 章

罗霄山脉
鱼类

罗霄山脉科学考察共记录鱼类5目17科113种。鲤形目CYPRINIFORMES：亚口鱼科Catostomidae 1种，鲤科Cyprinidae 62种，鳅科Cobitidae 9种，平鳍鳅科Balitoridae 5种。鲇形目SILURIFORMES：鲇科Siluridae 3种，胡子鲇科Clariidae 1种，鲿科Bagridae 8种，钝头鮡科Amblycipitidae 3种，鮡科Sisoridae 1种。颌针鱼目BELONIFORMES：鱵科Hemiramphidae 1种。合鳃鱼目SYNBRANCHIFORMES：合鳃鱼科Synbranchidae 1种，刺鳅科Mastacembelidae 2种。鲈形目PERCIFORMES：鮨科Serranidae 6种，沙塘鳢科Odontobutidae 1种，鰕虎鱼科Gobiidae 5种，斗鱼科Belontiidae 1种，鳢科Channidae 3种。有影像记录的共101种。

鲤形目 CYPRINIFORMES

亚口鱼科 Catostomidae

胭脂鱼 *Myxocyprinus asiaticus* (Bleeker)

马口鱼　*Opsariichthys bidens* Günther

青鱼　*Mylopharyngododon piceus* (Richardson)

草鱼　*Ctenopharyngodon idella* (Valenciennes)

鳡　*Elopichthys bambusa* (Richardson)

赤眼鳟　*Squaliobarbus curriculus* (Richardson)

鳘　*Hemiculter leucisculus* (Basilewsky)

贝氏鳘　*Hemiculter bleekeri* Warpachowski

四川半鳘　*Hemiculterella sauvagei* Warpachowski

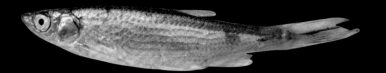

伍氏半鳘   *Hemiculterella wui* (Wang)

南方拟鳘   *Pseudohemiculter dispar* (Peters)

飘鱼   *Pseudolaubuca sinensis* Bleeker

大眼华鳊   *Sinibrama macrops* (Günther)

红鳍鲌   *Culter erythropterus* (Basilewsky)

蒙古鲌　*Chanodichthys mongolicus* (Basilewsky)

达氏鲌　*Chanodichthys dabryi* (Bleeker)

翘嘴鲌　*Chanodichthys alburnus* (Basilewsky)

拟尖头鲌 *Chanodichthys oxycephaloides*
Kreyenberg *et* Pappenheim

鳊 *Parabramis pekinensis* (Basilewsky)

鲂 *Megalobrama mantschuricus* (Basilewsky)

团头鲂 *Megalobrama amblycephala* Yih

银鲴 *Xenocypris macrolepis* Bleeker

黄尾鲴 *Xenocypris davidi* Bleeker

细鳞鲴 *Plagiognathops microlepis* (Bleeker)

圆吻鲴 *Distoechodon tumirostris* Peters

鲢 *Hypophthalmichthys molitrix* (Valenciennes)

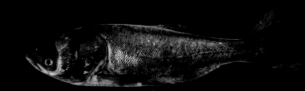

鳙 *Hypophthalmichthys nobilis* (Richardson)

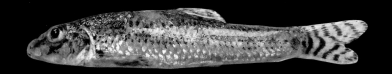

棒花鱼　*Abbottina rivularis* (Basilewsky)

麦穗鱼　*Pseudorasbora parva* (Temminck *et* Schlegel)

似鮈　*Pseudogobio vaillanti* (Sauvage)

桂林似鮈　*Pseudogobio guilinensis* Yao *et* Yang

唇鲹　*Hemibarbus labeo* (Pallas)

花鳕　*Hemibarbus maculatus* Bleeker

胡鮈　*Microphysogobio chenhsienensis* (Fang)

华鳈　*Sarcocheilichthys sinensis* Bleeker

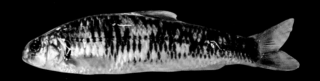

江西鳈　*Sarcocheilichthys kiangsiensis* Nichols

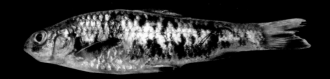

黑鳍鳈　*Sarcocheilichthys nigripinnis* (Günther)

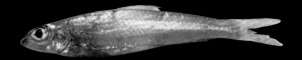

银鮈　*Squalidus argentatus*
(Sauvage *et* Dabry de Thiersant)

吻鮈　*Rhinogobio typus* Bleeker

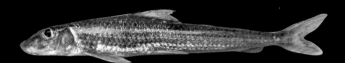

蛇鮈　*Saurogobio dabryi* Bleeker

乐山小鳔鮈　*Microphysogobio kiatingensis* (Wu)

福建小鳔鮈
Microphysogobio fukiensis (Nichols)

大鳍鱊　*Acheilognathus macropterus* (Bleeker)

无须鳑 *Acheilognathus gracilis* Nichols

兴凯鳑 *Acheilognathus chankaensis* (Dybowski)

越南鳑 *Acheilognathus tonkinensis* (Vaillant)

短须鳑 *Acheilognathus barbatulus* Günther

高体鳑鲏 *Rhodeus ocellatus* (Kner)

彩石鳑鲏　*Rhodeus lighti* (Wu)

光唇鱼　*Acrossocheilus fasciatus* (Steindachner)

厚唇光唇鱼　*Acrossocheilus paradoxus* (Günther)

半刺光唇鱼　*Acrossocheilus hemispinus* (Nichols)

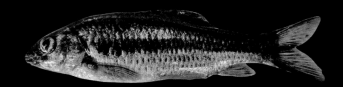

侧条光唇鱼 *Acrossocheilus parallens* (Nichols)

光倒刺鲃 *Spinibarbus hollandi* Oshima

短须白甲鱼 *Onychostoma brevibarba* Song, Cao *et* Zhang

鲫 *Carassius auratus* (Linnaeus)

鲤 *Cyprinus carpio* Linnaeus

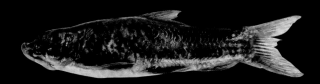

东方墨头鱼 *Garra orientalis* Nichols

鳅科 Cobitidae

中华花鳅　*Cobitis sinensis*
Sauvage *et* Dabry de Thiersant

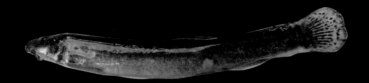

泥鳅　*Misgurnus anguillicaudatus* (Cantor)

大鳞副泥鳅　*Paramisgurnus dabryanus*
Dabry de Thiersant

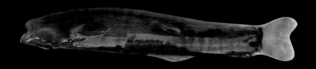

横纹南鳅　*Schistura fasciolata* (Nichols *et* Pope)

无斑南鳅　*Schistura incerta* (Nichols)

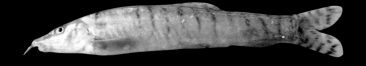

花斑副沙鳅　*Parabotia fasciata* Dabry de Thiersant

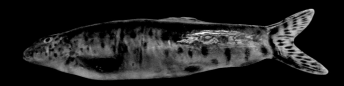

点面副沙鳅　*Parabotia maculosa* (Wu)

钝头鮠科 Amblycipitidae

鳗尾鮠
Liobagrus anguillicauda Nichols

黑尾鮠　*Liobagrus nigricauda* Regan

鮡科 Sisoridae

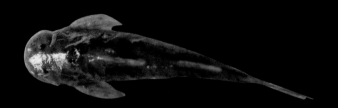

中华纹胸鮡　*Glyptothorax sinense* (Regan)

颌针鱼目 BELONIFORMES

鱵科 Hemiramphidae

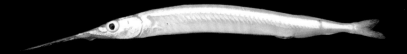

间下鱵　*Hyporhamphus intermedius* (Cantor)

合鳃鱼目 SYNBRANCHIFORMES

合鳃鱼科 Synbranchidae

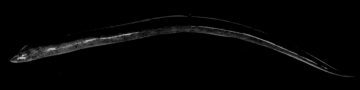

黄鳝　*Monopterus albus* (Zuiew)

刺鳅科 Mastacembelidae

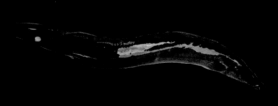

刺鳅　*Macrognathus aculeatus* (Bloch)

中华刺鳅　*Sinobdella sinensis* (Bleeker)

鲈形目 PERCIFORMES

鮨科 Serranidae

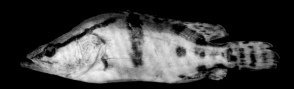

鳜　*Siniperca chuatsi* (Basilewsky)

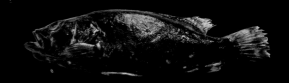

大眼鳜　*Siniperca knerii* Garman

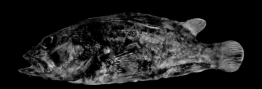

暗鳜　*Siniperca obscura* Nichols

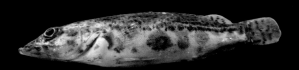

长身鳜　*Siniperca roulei* Wu

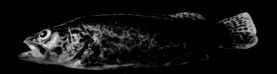

斑鳜　*Siniperca scherzeri* Steindachner

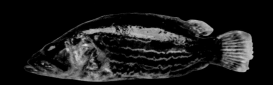

沙塘鳢科 Odontobutidae

中华沙塘鳢 *Odontobutis sinensis* Wu, Chen *et* Chong

鰕虎鱼科 Gobiidae

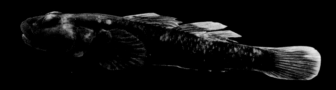

波氏吻鰕虎鱼
Rhinogobius cliffordpopei (Nichols)

子陵吻鰕虎鱼 *Rhinogobius giurinus* (Rutter)

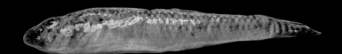

林氏吻鰕虎鱼 *Rhinogobius lindbergi* Berg

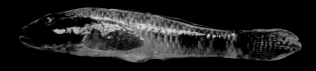

李氏吻鰕虎鱼 *Rhinogobius leavelli* (Herre)

斗鱼科 Belontiidae

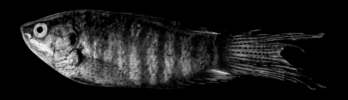

叉尾斗鱼   *Macropodus opercularis* (Linnaeus)

鳢科 Channidae

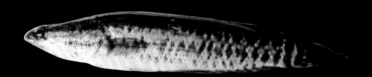

乌鳢   *Channa argus* (Cantor)

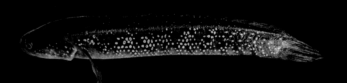

月鳢   *Channa asiatica* (Linnaeus)

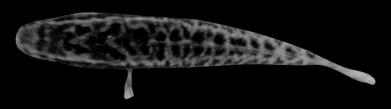

斑鳢   *Channa maculate* (Lacépède)

罗霄山脉

两栖动物

罗霄山脉科学考察共记录两栖动物2目8科56种。有尾目CAUDATA：蝾螈科Salamandridae 4种。无尾目ANURA：蟾蜍科Bufonidae 2种，角蟾科Megophryidae 10种，雨蛙科Hylidae 2种，蛙科Ranidae 23种，叉舌蛙科Dicroglossidae 7种，树蛙科Rhacophoridae 4种，姬蛙科Microhylidae 4种。有影像记录的共52种。

有尾目 CAUDATA

蝾螈科 Salamandridae

七溪岭瘰螈 *Paramesotriton qixilingensis* Yuan, Zhao, Jiang, Hou, He, Murphy *et* Che

弓斑肥螈 *Pachytriton archospotus* Shen, Shen *et* Mo

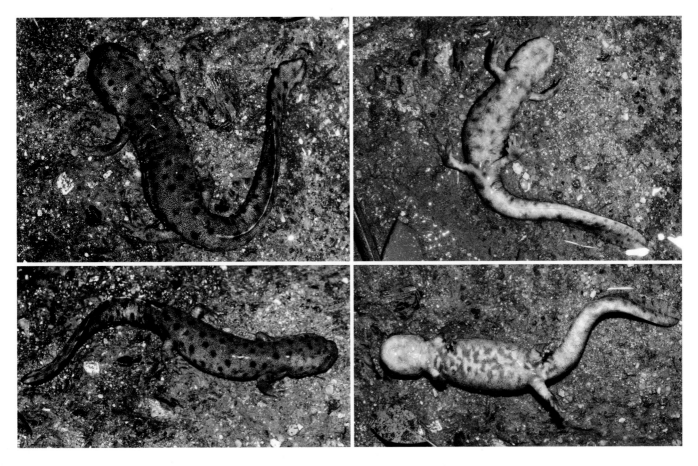

东方蝾螈 *Cynops orientalis* (David)

无尾目 ANURA

蟾蜍科 Bufonidae

中华蟾蜍 *Bufo gargarizans* Cantor

黑眶蟾蜍 *Duttaphrynus melanostictus* (Schneider)

角蟾科 Megophryidae

崇安髭蟾 *Leptobrachium liui* (Pope)

福建掌突蟾 *Leptobrachella liui* (Fei *et* Ye)

珀普短腿蟾　*Brachytarsophrys popei* Zhao, Yang, *et* Wang

南岭角蟾　*Boulenophrys nanlingensis* (Lyu, Wang, Liu *et* Wang)

陈氏角蟾　*Boulenophrys cheni* (Wang *et* Liu)

井冈角蟾　*Boulenophrys jinggangensis* (Wang)

林氏角蟾　*Boulenophrys lini* (Wang et Yang)

武功山角蟾　*Boulenophrys wugongensis* (Wang, Lyu *et* Wang)

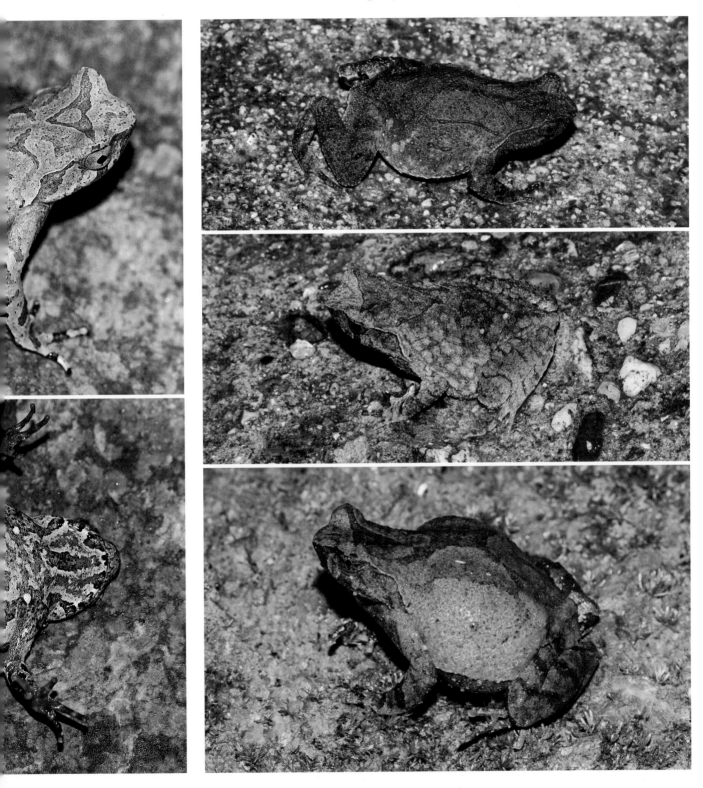

幕阜山角蟾 *Boulenophrys mufumontana* (Wang, Lyu *et* Wang)

三明角蟾 *Boulenophrys sanmingensis* (Lyu *et* Wang)

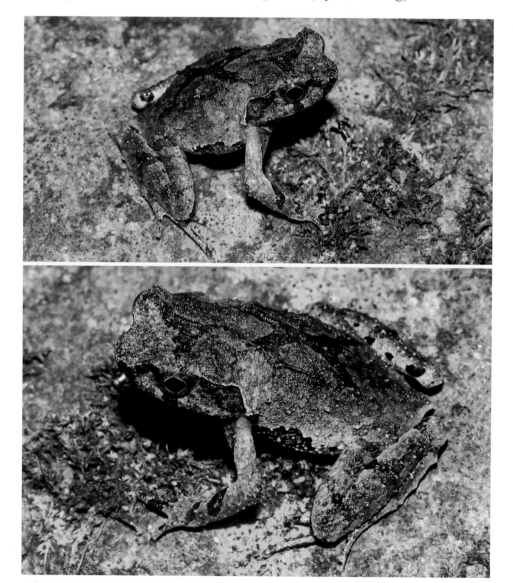

雨蛙科 Hylidae

中国雨蛙　*Hyla chinensis* Günther

三港雨蛙 *Hyla sanchiangensis* Pope

蛙科 Ranidae

长肢林蛙　*Rana longicrus* Stejneger

镇海林蛙 *Rana zhenhaiensis* Ye, Fei *et* Matsui

徂徕林蛙 *Rana culaiensis* Li, Lu *et* Li

寒露林蛙　*Rana hanluica* Shen, Jiang *et* Yang

九岭山林蛙　*Rana jiulingensis* Wan, Lyu, Li *et* Wang

黑斑侧褶蛙 *Pelophylax nigromaculatus* (Hallowell)

弹琴蛙 *Nidirana adenopleura* (Boulenger)

孟闻琴蛙 *Nidirana mangveni* Lyu *et* Wang

粤琴蛙 *Nidirana guangdongensis* Lyu *et* Wang

湘琴蛙 *Nidirana xiangica* Lyu *et* Wang

阔褶水蛙 *Hylarana latouchii* (Boulenger)　　**沼水蛙** *Hylarana guentheri* (Boulenger)

竹叶臭蛙 *Odorrana versabilis* (Liu *et* Hu)

花臭蛙　*Odorrana schmackeri* (Boettger)

黄岗臭蛙　*Odorrana huanggangensis* Chen, Zhou *et* Zheng

宜章臭蛙 *Odorrana yizhangensis* Fei, Ye *et* Jiang

大绿臭蛙 *Odorrana* cf. *graminea* (Boulenger)

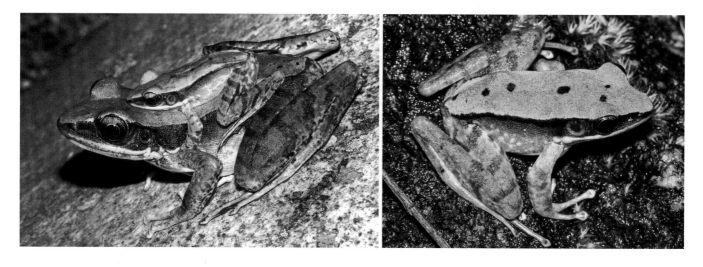

崇安湍蛙　*Amolops chunganensis* (Pope)

华南湍蛙　*Amolops ricketti* (Boulenger)

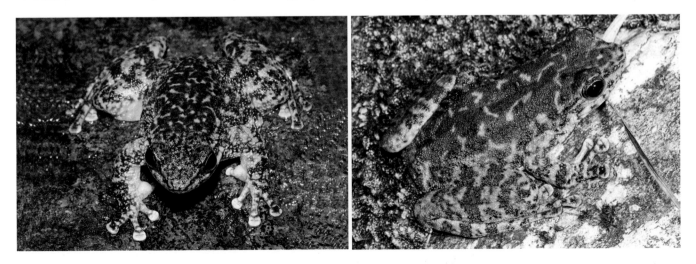

武夷湍蛙 *Amolops* cf. *wuyiensis* (Liu *et* Hu)

叉舌蛙科 Dicroglossidae

泽陆蛙 *Fejervarya multistriata* (Hallowell)

虎纹蛙 *Hoplobatrachus chinensis* (Osbeck)

福建大头蛙 *Limnonectes fujianensis* Ye *et* Fei

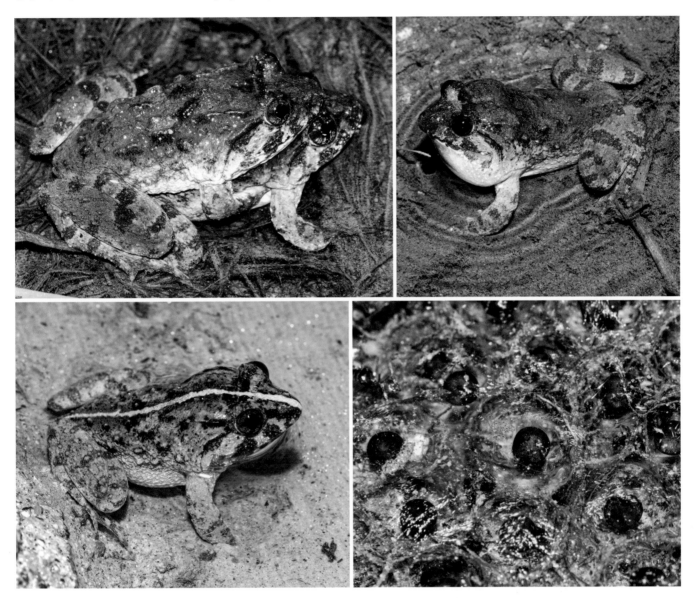

棘腹蛙 *Quasipaa boulengeri* (Günther)

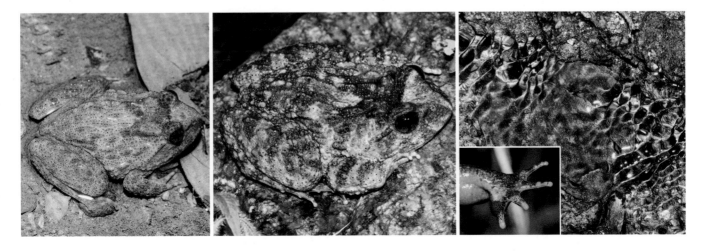

小棘蛙 *Quasipaa exilispinosa* (Liu *et* Hu)

棘胸蛙 *Quasipaa spinosa* (David)

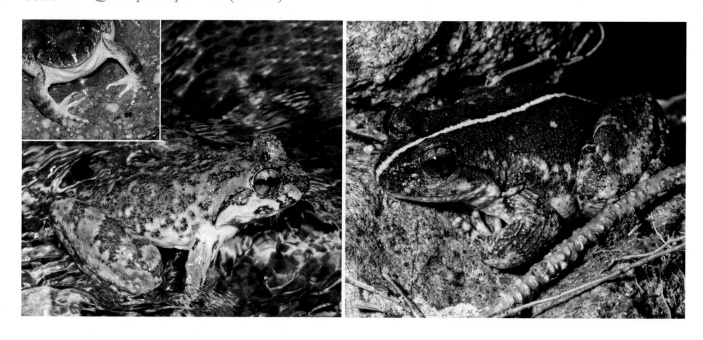

九龙棘蛙　*Quasipaa jiulongensis* (Huang *et* Liu)

树蛙科 Rhacophoridae

布氏泛树蛙　*Polypedates braueri* (Vogt)

大树蛙　*Zhangixalus dennysi* (Blanford)

井冈纤树蛙　*Gracixalus jinggangensis* Zeng, Zhao, Chen, Chen, Zhang *et* Wang

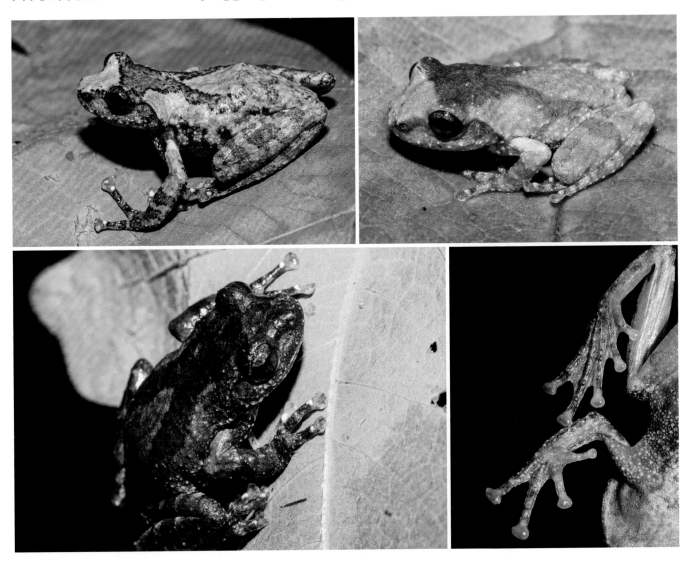

红吸盘棱皮树蛙　*Theloderma rhododiscus* (Liu *et* Hu)

姬蛙科 Microhylidae

粗皮姬蛙 *Microhyla butleri* Boulenger

饰纹姬蛙 *Microhyla fissipes* Boulenger

小弧斑姬蛙　*Microhyla heymonsi* Vogt

花姬蛙　*Microhyla pulchra* (Hallowell)

罗霄山脉 爬行动物

　　罗霄山脉科学考察共记录爬行动物2目3亚目15科68种。龟鳖目TESTUDINES曲颈龟亚目 Cryptodira：鳖科Trionychidae 1种，平胸龟科Platysternidae 1种。有鳞目SQUAMATA蜥蜴亚目Lacertilia：壁虎科Gekkonidae 4种，鬣蜥科Agamidae 2种，石龙子科Scincidae 6种，蜥蜴科Lacertidae 3种；蛇亚目Serpentes：盲蛇科Typhlopidae 1种，闪鳞蛇科Xenopeltidae 1种，闪皮蛇科Xenodermatidae 2种，钝头蛇科Pareatidae 2种，蝰科Viperidae 6种，水蛇科Homalopsidae 2种，屋蛇科Lamprophiidae 1种，眼镜蛇科Elapidae 3种，游蛇科Colubridae 33种。有影像记录的共66种。

龟鳖目 TESTUDINES
曲颈龟亚目 Cryptodira

鳖科 Trionychidae

中华鳖　*Pelodiscus sinensis* (Wiegmann)

平胸龟科 Platysternidae

平胸龟 *Platysternon megacephalum* Gray

有鳞目 SQUAMATA
蜥蜴亚目 Lacertilia

壁虎科 Gekkonidae

多疣壁虎 *Gekko japonicus* (Schlegel)

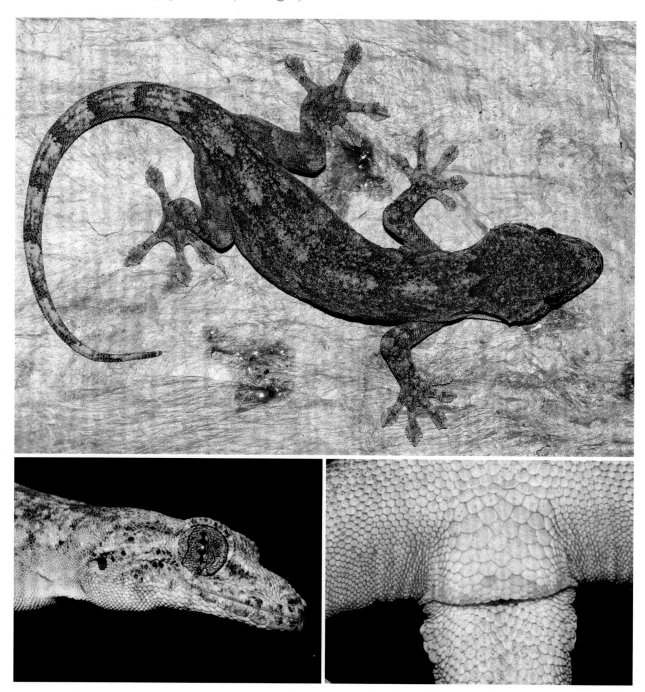

梅氏壁虎 *Gekko melli* Vogt

蹼趾壁虎 *Gekko subpalmatus* (Günther)

鬣蜥科 Agamidae

横纹龙蜥 *Diploderma fasciatum* (Mertens)

丽棘蜥　*Acanthosaura lepidogaster* (Cuvier)

石龙子科 Scincidae

宁波滑蜥　*Scincella modesta* (Günther)

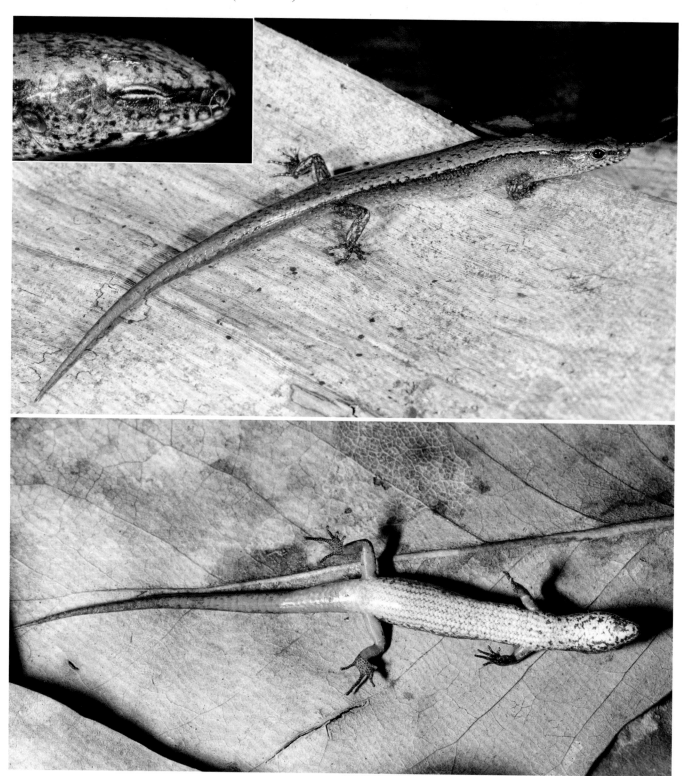

股鳞蜓蜥 *Sphenomorphus incognitus* (Thompson)

印度蜓蜥 *Sphenomorphus indicus* (Gray)

北部湾蜓蜥　*Sphenomorphus tonkinensis* Nguyen, Schmitz, Nguyen, Orlov, Böhme *et* Ziegler

中国石龙子 *Plestiodon chinensis* (Gray)

蓝尾石龙子 *Plestiodon elegans* (Boulenger)

蜥蜴科 Lacertidae

古氏草蜥　*Takydromus kuehnei* Van Denburgh

北草蜥 *Takydromus septentrionalis* Günther

崇安草蜥　*Takydromus sylvaticus* (Pope)

蛇亚目 Serpentes
盲蛇科 Typhlopidae

钩盲蛇 *Indotyphlops braminus* (Daudin)

闪鳞蛇科 Xenopeltidae

海南闪鳞蛇 *Xenopeltis hainanensis* Hu *et* Zhao

闪皮蛇科 Xenodermatidae

井冈山脊蛇 *Achalinus jinggangensis* (Zhao *et* Ma)

棕脊蛇 *Achalinus rufescens* Boulenger

钝头蛇科 Pareatidae

台湾钝头蛇 *Pareas* cf. *formosensis* (Van Denburgh)

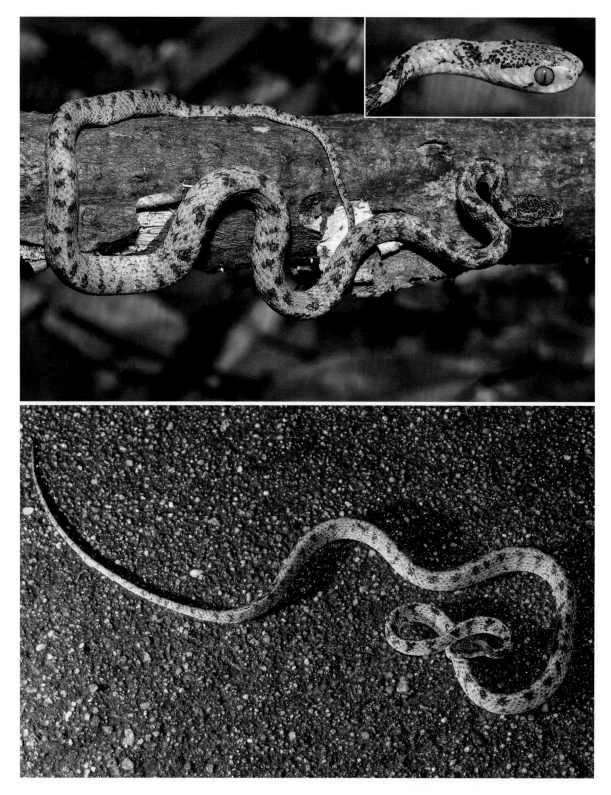

福建钝头蛇　*Pareas stanleyi* (Boulenger)

蝰科 Viperidae

白头蝰 *Azemiops feae* Boulenger

尖吻蝮 *Deinagkistrodon acutus* (Günther)

短尾蝮 *Gloydius brevicaudus* (Stejneger)

台湾烙铁头蛇 *Ovophis makazayazaya* (Takahashi)

原矛头蝮 *Protobothrops mucrosquamatus* (Cantor)

福建竹叶青　*Trimeresurus stejnegeri* Schmidt

水蛇科 Homalopsidae

中国水蛇　*Myrrophis chinensis* (Gray)

铅色水蛇 *Hypsiscopus plumbea* (Boie)

屋蛇科 Lamprophiidae

紫沙蛇 *Psammodynastes pulverulentus* (Boie)

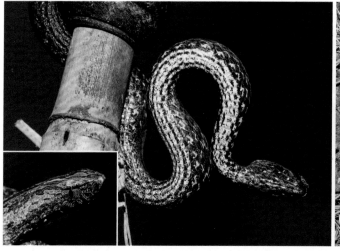

眼镜蛇科 Elapidae

银环蛇 *Bungarus multicinctus* Blyth

中华珊瑚蛇 *Sinomicrurus macclellandi* (Reinhardt)

舟山眼镜蛇 *Naja atra* Cantor

游蛇科 Colubridae

锈链腹链蛇 *Hebius craspedogaster* (Boulenger)

白眉腹链蛇　*Hebius boulengeri* (Gressitt)

棕黑腹链蛇　*Hebius sauteri* (Boulenger)

草腹链蛇 *Amphiesma stolatum* (Linnaeus)

绞花林蛇 *Boiga kraepelini* Stejneger

尖尾两头蛇　*Calamaria pavimentata* Duméril, Bibron *et* Duméril

钝尾两头蛇　*Calamaria septentrionalis* Boulenger

黄链蛇 *Lycodon flavozonatus* (Pope)

赤链蛇　*Lycodon rufozonatus* Cantor

黑背白环蛇　*Lycodon ruhstrati* (Fischer)

玉斑丽蛇 *Euprepiophis mandarinus* (Cantor)　**王锦蛇** *Elaphe carinata* (Günther)

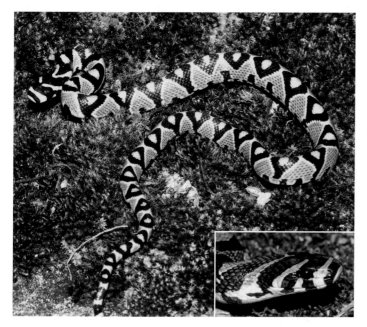

黑眉锦蛇 *Elaphe taeniura* (Cope)

紫灰蛇   *Oreocryptophis porphyraceus* (Cantor)

灰腹绿锦蛇   *Gonyosoma frenatum* (Gray)

颈棱蛇 *Pseudagkistrodon rudis* (Boulenger)

台湾小头蛇 *Oligodon formosanus* (Günther)

中国小头蛇   *Oligodon chinensis* (Günther)

饰纹小头蛇   *Oligodon ornatus* Van Denburgh

挂墩后棱蛇 *Opisthotropis kuatunensis* Pope

山溪后棱蛇 *Opisthotropis latouchii* (Boulenger)

崇安斜鳞蛇 *Pseudoxenodon karlschmidti* Pope

大眼斜鳞蛇 *Pseudoxenodon macrops* (Blyth)

纹尾斜鳞蛇 *Pseudoxenodon stejnegeri* Barbour

虎斑颈槽蛇 *Rhabdophis tigrinus* (Boie)

黑头剑蛇 *Sibynophis chinensis* (Günther)

环纹华游蛇 *Trimerodytes aequifasciatus* (Barbour)

乌华游蛇　*Trimerodytes percarinatus* (Boulenger)

赤链华游蛇 *Trimerodytes annularis* (Hallowell)

翠青蛇 *Ptyas major* (Günther)

乌梢蛇　*Ptyas dhumnades* (Cantor)

黄斑渔游蛇　*Fowlea flavipunctatus* (Hallowell)

第 4 章

罗霄山脉
鸟类

罗霄山脉科学考察共记录鸟类19目70科333种。鸡形目 GALLIFORMES：雉科Phasianidae 9种。雁形目ANSERIFORMES：鸭科Anatidae 7种。䴙䴘目Podicipediformes：䴙䴘科Podicipedidae 2种。鹈形目PELECANIFORMES：鹭科Ardeidae 16种。鲣鸟目SULIFORMES：鸬鹚科Phalacrocoracidae 1种。鹰形目ACCIPITRIFORMES：鹰科Accipitridae 18种。鹤形目GRUIFORMES：秧鸡科Rallidae 12种，鹤科Gruidae 1种。鸻形目CHARADRIIFORMES：三趾鹑科Turnicidae 2种，鸻科Charadriidae 4种，彩鹬科Rostratulidae 1种，水雉科Jacanidae 1种，鹬科Scolopacidae 10种，鸥科Laridae 4种。鸽形目COLUMBIFORMES：鸠鸽科Columbidae 4种。鹃形目CUCULIFORMES：杜鹃科Cuculidae 13种。鸮形目STRIGIFORMES：鸱鸮科Strigidae 10种，草鸮科Tytonidae 1种。夜鹰目CAPRIMULGIFORMES：夜鹰科Caprimulgidae 1种。雨燕目APODIFORMES：雨燕科Apodidae 3种。咬鹃目TROGONIFORMES：咬鹃科Trogonidae 1种。佛法僧目CORACIIFORMES：佛法僧科Coraciidae 1种，翠鸟科Alcedinidae 5种，蜂虎科Meropidae 1种。犀鸟目BUCEROTIFORMES：戴胜科Upupidae 1种。䴕形目PICIFORMES：拟啄木鸟科Megalaimidae 2种，啄木鸟科Picidae 11种。隼形目FALCONIFORMES：隼科Falconidae 5种。雀形目PASSERIFORMES：八色鸫科Pittidae 1种，山椒鸟科Campephagidae 5种，钩嘴鹛科Tephrodornithidae 1种，伯劳科Laniidae 5种，莺雀科Vireonidae 3种，黄鹂科Oriolidae 1种，卷尾科Dicruridae 3种，王鹟科Monarchidae 1种，鸦科Corvidae 7种，玉鹟科Stenostiridae 1种，山雀科Paridae 3种，攀雀科Remizidae 1种，百灵科Alaudidae 1种，鹎科Pycnonotidae 7种，燕科Hirundinidae 4种，鳞胸鹪鹛科Pnoepygidae 1种，树莺科Cettiidae 6种，长尾山雀科Aegithalidae 1种，柳莺科Phylloscopidae 18种，苇莺科Acrocephalidae 4种，蝗莺科Locustellidae 4种，扇尾莺科Cisticolidae 6种，林鹛科Timaliidae 3种，幽鹛科Pellorneidae 2种，噪鹛科Leiothrichidae 8种，莺鹛科Sylviidae 5种，绣眼鸟科Zosteropidae 3种，丽星鹩鹛科Elachuridae 1种，鹪鹩科Troglodytidae 1种，䴓科Sittidae 1种，椋鸟科Sturnidae 5种，鸫科Turdidae 10种，鹟科Muscicapidae 28种，河乌科Cinclidae 1种，叶鹎科Chloropseidae 1种，啄花鸟科Dicaeidae 1种，太阳鸟科Nectariniidae 1种，雀科Passeridae 2种，梅花雀科Estrildidae 2种，鹡鸰科Motacillidae 10种，燕雀科Fringillidae 5种，鹀科Emberizidae 12种。有影像记录的共333种。

作者声明：已出版的《罗霄山脉动物多样性编目》和《罗霄山脉生物多样性综合科学考察》的鸟类部分遗漏了井冈山的分布资料，该部分资料请详见《中国井冈山地区生物多样性综合科学考察》和《中国井冈山地区陆生脊椎动物彩色图谱》。

鸡形目 **GALLIFORMES**

雉科 Phasianidae

中华鹧鸪 *Francolinus pintadeanus* (Scopoli)

鹌鹑 *Coturnix japonica* Temminck *et* Schlegel

白眉山鹧鸪 *Arborophila gingica* (Gmelin)

灰胸竹鸡　*Bambusicola thoracicus* (Temminck)

黄腹角雉　*Tragopan caboti* (Gould)

勺鸡 *Pucrasia macrolopha* (Lesson)

白鹇　*Lophura nycthemera* (Linnaeus)

白颈长尾雉 *Syrmaticus ellioti* (Swinhoe)

雉鸡　*Phasianus colchicus* Linnaeus

雁形目 ANSERIFORMES

鸭科 Anatidae

小天鹅 *Cygnus columbianus* (Ord)

鸳鸯　*Aix galericulata* (Linnaeus)

绿头鸭 *Anas platyrhynchos* (Linnaeus)

斑嘴鸭 *Anas poecilorhyncha* Forster

绿翅鸭 *Anas crecca* Linnaeus

普通秋沙鸭 *Mergus merganser* Linnaeus

中华秋沙鸭 *Mergus squamatus* Gould

䴙䴘目 PODICIPEDIFORMES
䴙䴘科 Podicipedidae

小䴙䴘　*Tachybaptus ruficollis* (Pallas)

凤头䴙䴘 *Podiceps cristatus* (Linnaeus)

鹈形目 PELECANIFORMES

鹭科 Ardeidae

大麻鳽 *Botaurus stellaris* (Linnaeus)

黄苇鳽 *Ixobrychus sinensis* (Gmelin)

紫背苇鳽 *Ixobrychus eurhythmus* (Swinhoe)

栗苇鳽 *Ixobrychus cinnamomeus* (Gmelin)

黑鸦 *Dupetor flavicollis* (Latham)

海南鸦 *Gorsachius magnificus* (Ogilvie-Grant)

黑冠鳽 *Gorsachius melanolophus* (Raffles)

夜鹭 *Nycticorax nycticorax* (Linnaeus)

绿鹭 *Butorides striata* (Linnaeus)

池鹭 *Ardeola bacchus* (Bonaparte)

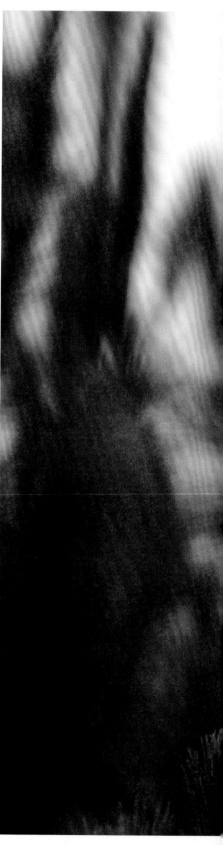

牛背鹭　*Bubulcus ibis* (Linnaeus)

苍鹭 *Ardea cinerea* Linnaeus

草鹭   *Ardea purpurea* Linnaeus

大白鹭 *Ardea alba* Linnaeus

中白鹭 *Ardea intermedia* Wagler

白鹭 *Egretta garzetta* (Linnaeus)

鲣鸟目 SULIFORMES

鸬鹚科 Phalacrocoracidae

普通鸬鹚　*Phalacrocorax carbo* (Linnaeus)

鹰形目 ACCIPITRIFORMES

鹰科 Accipitridae

凤头蜂鹰 *Pernis ptilorhynchus* (Temminck)

黑冠鹃隼　*Aviceda leuphotes* (Dumont)

蛇雕　*Spilornis cheela* (Latham)

鹰雕 *Nisaetus nipalensis* Hodgson

林雕 *Ictinaetus malayensis* (Temminck)

白腹隼雕 *Aquila fasciata* Vieillot

凤头鹰 *Accipiter trivirgatus* (Temminck)

赤腹鷹　*Accipiter soloensis* (Horsfield)

日本松雀鷹　*Accipiter gularis* (Temminck *et* Schlegel)

松雀鹰 *Accipiter virgatus* (Temminck)

雀鹰 *Accipiter nisus* (Linnaeus)

苍鹰 *Accipiter gentilis* (Linnaeus)

白尾鹞 *Circus cyaneus* (Linnaeus)

鹊鹞 *Circus melanoleucos* (Pennant)

黑鸢 *Milvus migrans* (Boddaert)

黑翅鸢 *Elanus caeruleus* (Desfontaines)

灰脸鵟鹰 *Butastur indicus* (Gmelin)

普通鵟　*Buteo buteo* (Linnaeus)

鹤形目 GRUIFORMES

秧鸡科 Rallidae

花田鸡 *Coturnicops exquisitus* (Swinhoe)

白喉斑秧鸡 *Rallina eurizonoides* (Lafresnaye)

蓝胸秧鸡　*Lewinia striata* (Linnaeus)

普通秧鸡 *Rallus indicus* Blyth

红脚苦恶鸟 *Zapornia akool* (Sykes)

白胸苦恶鸟　*Amaurornis phoenicurus* (Pennant)

小田鸡　*Zapornia pusilla* (Pallas)

红胸田鸡 *Zapornia fusca* (Linnaeus)

斑胁田鸡 *Zapornia paykullii* (Ljungh)

董鸡 *Gallicrex cinerea* (Gmelin)

黑水鸡 *Gallinula chloropus* (Linnaeus)

白骨顶 *Fulica atra* Linnaeus

鹤科 Gruidae

白鹤 *Leucogeranus leucogeranus* (Pallas)

鸻形目 CHARADRIIFORMES

三趾鹑科 Turnicidae

黄脚三趾鹑 *Turnix tanki* Blyth

棕三趾鹑 *Turnix suscitator* (Gmelin)

鸻科 Charadriidae

凤头麦鸡 *Vanellus vanellus* (Linnaeus)

灰头麦鸡　*Vanellus cinereus* (Blyth)

长嘴剑鸻　*Charadrius placidus* J. E. Gray *et* G. R. Gray

金眶鸻 *Charadrius dubius* Scopoli

彩鹬科 Rostratulidae

彩鹬　*Rostratula benghalensis* (Linnaeus)

水雉科 Jacanidae

水雉 *Hydrophasianus chirurgus* (Scopoli)

鹬科 Scolopacidae

丘鹬 *Scolopax rusticola* Linnaeus

针尾沙锥 *Gallinago stenura* (Bonaparte)

大沙锥　*Gallinago megala* Swinhoe

扇尾沙锥　*Gallinago gallinago* (Linnaeus)

红颈瓣蹼鹬 *Phalaropus lobatus* (Linnaeus)

矶鹬　*Actitis hypoleucos* Linnaeus

白腰草鹬　*Tringa ochropus* Linnaeus

泽鹬 *Tringa stagnatilis* (Bechstein)

林鹬 *Tringa glareola* Linnaeus

青脚鹬　*Tringa nebularia* (Gunnerus)

鸥科 Laridae

红嘴鸥 *Larus ridibundus* Linnaeus

普通燕鸥 *Sterna hirundo* Linnaeus

须浮鸥　*Chlidonias hybrida* (Pallas)

白翅浮鸥　*Chlidonias leucopterus* (Temminck)

鸽形目 COLUMBIFORMES
鸠鸽科 Columbidae

山斑鸠　*Streptopelia orientalis* (Latham)

火斑鸠　*Streptopelia tranquebarica* (Hermann)

珠颈斑鸠 *Streptopelia chinensis* (Scopoli)

斑尾鹃鸠 *Macropygia unchall* (Wagler)

鹃形目 CUCULIFORMES

杜鹃科 Cuculidae

褐翅鸦鹃　*Centropus sinensis* (Stephens)

小鸦鹃 *Centropus bengalensis* (Gmelin)

红翅凤头鹃 *Clamator coromandus* (Linnaeus)

噪鹃　*Eudynamys scolopaceus* (Linnaeus)

八声杜鹃　*Cacomantis merulinus* (Scopoli)

乌鹃 *Surniculus lugubris* (Horsfield)

鹰鹃 *Hierococcyx sparverioides* (Vigors)

北鹰鹃 *Hierococcyx hyperythrus* (Gould)

霍氏鹰鹃 *Hierococcyx nisicolor* (Blyth)

小杜鹃 *Cuculus poliocephalus* Latham

四声杜鹃 *Cuculus micropterus* Gould

中杜鹃 *Cuculus saturatus* Blyth

大杜鹃 *Cuculus canorus* Linnaeus

鸮形目 **STRIGIFORMES**
鸱鸮科 Strigidae

黄嘴角鸮 *Otus spilocephalus* (Blyth)

领角鸮 *Otus lettia* (Hodgson)

红角鸮 *Otus sunia* (Hodgson)

雕鸮　*Bubo bubo* (Linnaeus)

褐林鸮　*Strix leptogrammica* Temminck　　领鸺鹠　*Glaucidium brodiei* (Burton)

斑头鸺鹠 *Glaucidium cuculoides* (Vigors)

鹰鸮　*Ninox japonica* (Temminck *et* Schlegel)

长耳鸮 *Asio otus* (Linnaeus)

短耳鸮 *Asio flammeus* (Pontoppidan)

草鸮科 Tytonidae

草鸮 *Tyto longimembris* (Jerdon)

夜鹰目 CAPRIMULGIFORMES

夜鹰科 Caprimulgidae

普通夜鹰　*Caprimulgus jotaka* Temminck *et* Schlegel

雨燕目 APODIFORMES

雨燕科 Apodidae

白喉针尾雨燕 *Hirundapus caudacutus* (Latham)

白腰雨燕 *Apus pacificus* (Latham)

小白腰雨燕　*Apus nipalensis* (Hodgson)

咬鹃目 TROGONIFORMES

咬鹃科 Trogonidae

红头咬鹃 *Harpactes erythrocephalus* (Gould)

佛法僧目 CORACIIFORMES

佛法僧科 Coraciidae

三宝鸟 *Eurystomus orientalis* (Linnaeus)

翠鸟科 Alcedinidae

白胸翡翠 *Halcyon smyrnensis* (Linnaeus)

蓝翡翠 *Halcyon pileata* (Boddaert)

普通翠鸟　*Alcedo atthis* (Linnaeus)

冠鱼狗　*Megaceryle lugubris* (Temminck)

斑鱼狗　*Ceryle rudis* (Linnaeus)

蜂虎科 Meropidae

蓝喉蜂虎 *Merops viridis* Linnaeus

犀鸟目 BUCEROTIFORMES

戴胜科 Upupidae

戴胜 *Upupa epops* Linnaeus

鴷形目 PICIFORMES

拟啄木鸟科 Megalaimidae

大拟啄木鸟　*Psilopogon virens* (Boddaert)

黑眉拟啄木鸟　*Psilopogon faber* (Swinhoe)

啄木鸟科 Picidae

蚁䴕 *Jynx torquilla* Linnaeus

斑姬啄木鸟 *Picumnus innominatus* Burton

棕腹啄木鸟 *Dendrocopos hyperythrus* (Vigors)

星头啄木鸟 *Picoides canicapillus* (Blyth)

白背啄木鸟 *Dendrocopos leucotos* (Bechstein)

大斑啄木鸟 *Dendrocopos major* (Linnaeus)

斑冠啄木鸟
Picus chlorolophus Vieillot

灰头绿啄木鸟 *Picus canus* Gmelin

竹啄木鸟 *Gecinulus grantia* (McClelland)

黄嘴栗啄木鸟 *Blythipicus pyrrhotis* (Hodgson)

栗啄木鸟 *Micropternus brachyurus* (Vieillot)

隼形目 FALCONIFORMES

隼科 Falconidae

红隼 *Falco tinnunculus* Linnaeus

红脚隼　*Falco amurensis* Radde

灰背隼 *Falco columbarius* Linnaeus

燕隼 *Falco subbuteo* Linnaeus

游隼 *Falco peregrinus* Tunstall

雀形目 **PASSERIFORMES**

八色鸫科 Pittidae

仙八色鸫 *Pitta nympha* Temminck *et* Schlegel

山椒鸟科 Campephagidae

暗灰鹃鵙 *Lalage melaschistos* (Hodgson)

小灰山椒鸟 *Pericrocotus cantonensis* Swinhoe

灰山椒鸟 *Pericrocotus divaricatus* (Raffles)

灰喉山椒鸟 *Pericrocotus solaris* Blyth

赤红山椒鸟 *Pericrocotus speciosus* (Latham)

钩嘴鸡科 Tephrodornithidae

钩嘴林鸡 *Tephrodornis virgatus* (Temminck)

伯劳科 Laniidae

虎纹伯劳 *Lanius tigrinus* Drapiez

牛头伯劳 *Lanius bucephalus* Temminck *et* Schlegel

红尾伯劳　*Lanius cristatus* Linnaeus

棕背伯劳　*Lanius schach* Linnaeus

灰背伯劳 *Lanius tephronotus* (Vigors)

莺雀科 Vireonidae

白腹凤鹛 *Erpornis zantholeuca* (Blyth)

红翅鸥鹛　*Pteruthius aeralatus* Blyth

淡绿鸥鹛　*Pteruthius xanthochlorus* Gray

黄鹂科 Oriolidae

黑枕黄鹂 *Oriolus chinensis* Linnaeus

卷尾科 Dicruridae

黑卷尾　*Dicrurus macrocercus* Vieillot

灰卷尾　*Dicrurus leucophaeus* Vieillot

发冠卷尾 *Dicrurus hottentottus* (Linnaeus)

王鹟科 Monarchidae

寿带 *Terpsiphone paradisi* (Linnaeus)

鸦科 Corvidae

松鸦 *Garrulus glandarius* (Linnaeus)

灰喜鹊 *Cyanopica cyanus* (Pallas)

红嘴蓝鹊 *Urocissa erythroryncha* (Boddaert)

灰树鹊 *Dendrocitta formosae* Swinhoe

喜鹊 *Pica pica* (Linnaeus)

白颈鸦 *Corvus torquatus* Lesson

大嘴乌鸦 *Corvus macrorhynchos* Wagler

玉鹟科 Stenostiridae

方尾鹟 *Culicicapa ceylonensis* (Swainson)

山雀科 Paridae

黄腹山雀　*Parus venustulus* (Swinhoe)

远东山雀　*Parus minor* Temminck *et* Schlegel

黄颊山雀 *Machlolophus spilonotus* (Bonaparte)

攀雀科 Remizidae

中华攀雀 *Remiz consobrinus* (Swinhoe)

百灵科 Alaudidae

小云雀　*Alauda gulgula* (Franklin)

鹎科 Pycnonotidae

领雀嘴鹎 *Spizixos semitorques* Swinhoe

红耳鹎　*Pycnonotus jocosus* (Linnaeus)

黄臀鹎　*Pycnonotus xanthorrhous* Anderson

白头鹎 *Pycnonotus sinensis* (Gmelin)

绿翅短脚鹎 *Ixos mcclellandii* (Horsfield)

栗背短脚鹎 *Hemixos castanonotus* Swinhoe

黑短脚鹎 *Hypsipetes leucocephalus* (Gmelin)

燕科 Hirundinidae

淡色沙燕 *Riparia diluta* (Sharpe *et* Wyatt)

家燕　*Hirundo rustica* Linnaeus

烟腹毛脚燕　*Delichon dasypus* (Bonaparte)

金腰燕 *Cecropis daurica* Linnaeus

鳞胸鹪鹛科 Pnoepygidae

小鳞胸鹪鹛 *Pnoepyga pusilla* Hodgson

树莺科 Cettiidae

棕脸鹟莺 *Abroscopus albogularis* (Hodgson)

金头缝叶莺 *Phyllergates cucullatus* (Temminck)

远东树莺 *Horornis diphone* (Kittlitz)

强脚树莺 *Horornis fortipes* (Hodgson)

黄腹树莺　*Cettia acanthizoides* (Verreaux)

鳞头树莺　*Urosphena squameiceps* (Swinhoe)

长尾山雀科 Aegithalidae

红头长尾山雀 *Aegithalos concinnus* (Gould)

柳莺科 Phylloscopidae

褐柳莺 *Phylloscopus fuscatus* (Blyth)

黄腹柳莺　*Phylloscopus affinis* (Tickell)

棕腹柳莺　*Phylloscopus subaffinis* Ogilvie-Grant

黄腰柳莺 *Phylloscopus proregulus* (Pallas)

黄眉柳莺 *Phylloscopus inornatus* (Blyth)

极北柳莺 *Phylloscopus borealis* (Blasius)

双斑绿柳莺 *Phylloscopus plumbeitarsus* (Sundevall)

云南柳莺 *Phylloscopus yunnanensis* Alström, Olsson *et* Colston

淡脚柳莺 *Phylloscopus tenellipes* Swinhoe

冕柳莺 *Phylloscopus coronatus* (Temminck *et* Schlegel)

冠纹柳莺 *Phylloscopus reguloides* (Blyth)

白斑尾柳莺 *Phylloscopus intensior* Deignan

黑眉柳莺 *Phylloscopus ricketti* (Slater)

白眶鹟莺   *Phylloscopus* intermedius (La Touche)

灰冠鹟莺   *Phylloscopus tephrocephalus* (Anderson)

比氏鹟莺 *Phylloscopus valentini* (Hartert)

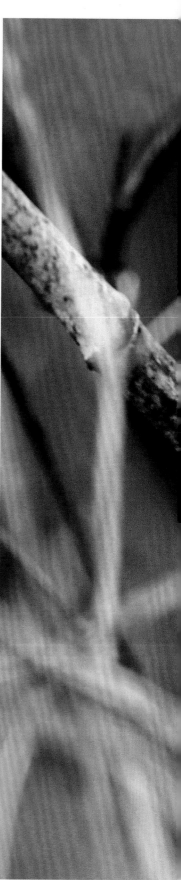

淡尾鹟莺 *Phylloscopus soror* (Alström *et* Olsson)

栗头鹟莺　*Phylloscopus castaniceps* (Hodgson)

苇莺科 Acrocephalidae

东方大苇莺 *Acrocephalus orientalis* (Temminck *et* Schlegel)

黑眉苇莺 *Acrocephalus bistrigiceps* Swinhoe

钝翅苇莺 *Acrocephalus concinens* (Swinhoe)

厚嘴苇莺 *Arundinax aedon* (Pallas)

蝗莺科 Locustellidae

高山短翅莺　*Locustella mandelli* (Brooks)

棕褐短翅莺 *Locustella luteoventris* (Hodgson)

矛斑蝗莺 *Locustella lanceolata* (Temminck)

小蝗莺 *Locustella certhiola* (Pallas)

扇尾莺科 Cisticolidae

棕扇尾莺 *Cisticola juncidis* (Rafinesque)

山鹪莺　*Prinia crinigera* Hodgson

黑喉山鹪莺　*Prinia atrogularis* (Moore)

黄腹山鹪莺　*Prinia flaviventris* (Delessert)

纯色山鹪莺 *Prinia inornata* Sykes

长尾缝叶莺　*Orthotomus sutorius* (Pennant)

林鹛科 Timaliidae

华南斑胸钩嘴鹛 *Erythrogenys swinhoei* David

棕颈钩嘴鹛 *Pomatorhinus ruficollis* Hodgson

红头穗鹛 *Cyanoderma ruficeps* (Blyth)

幽鹛科 Pellorneidae

褐顶雀鹛 *Schoeniparus brunneus* (Gould)

淡眉雀鹛　*Alcippe hueti* David

噪鹛科 Leiothrichidae

矛纹草鹛　*Garrulax lanceolatus* (Verreaux)

画眉　*Garrulax canorus* (Linnaeus)

灰翅噪鹛　*Garrulax cineraceus* (Godwin-Austen)

黑脸噪鹛　*Garrulax perspicillatus* (Gmelin)

小黑领噪鹛 *Garrulax monileger* Riley

黑领噪鹛　*Garrulax pectoralis* (Gould)

白颊噪鹛　*Garrulax sannio* Swinhoe

红嘴相思鸟 *Leiothrix lutea* (Scopoli)

莺鹛科　Sylviidae

金胸雀鹛　*Lioparus chrysotis* (Blyth)

棕头鸦雀　*Sinosuthora webbiana* (Gould)

金色鸦雀　*Suthora verreauxi* Sharpe

短尾鸦雀 *Neosuthora davidiana* (Slater)

灰头鸦雀 *Psittiparus gularis* (Gray)

绣眼鸟科 Zosteropidae

栗颈凤鹛　*Yuhina torqueola* (Swinhoe)

红胁绣眼鸟 *Zosterops erythropleurus* Swinhoe

暗绿绣眼鸟 *Zosterops japonicus* Temminck *et* Schlegel

丽星鹩鹛科 Elachuridae

丽星鹩鹛 *Elachura formosa* (Walden)

鹪鹩科 Troglodytidae

鹪鹩 *Troglodytes troglodytes* (Linnaeus)

鸭科 Sittidae

普通鸭 *Sitta europaea* Linnaeus

椋鸟科 Sturnidae

八哥 *Acridotheres cristatellus* (Linnaeus)

丝光椋鸟 *Spodiopsar sericeus* (Gmelin)

灰椋鸟 *Spodiopsar cineraceus* (Temminck)

黑领椋鸟 *Gracupica nigricollis* (Paykull)

北椋鸟 *Agropsar sturninus* (Pallas)

鸫科 Turdidae

橙头地鸫　*Geokichla citrina* (Latham)

白眉地鸫 *Geokichla sibirica* (Pallas)

怀氏虎鸫 *Zoothera aurea* (Holandre)

灰背鸫　*Turdus hortulorum* Sclater

乌鸫　*Turdus merula* Linnaeus

乌灰鸫 *Turdus cardis* Temminck

灰头鸫　*Turdus rubrocanus* Hodgson

白腹鸫 *Turdus pallidus* Gmelin

斑鸫　*Turdus eunomus* Temminck

宝兴歌鸫　*Turdus mupinensis* Laubmann

鹟科 Muscicapidae

白喉短翅鸫 *Brachypteryx leucophris* (Temminck)

蓝歌鸲　*Larvivora cyane* (Pallas)

红尾歌鸲 *Larvivora sibilans* Swinhoe

红喉歌鸲 *Calliope calliope* (Pallas)

红胁蓝尾鸲　*Tarsiger cyanurus* (Pallas)

鹊鸲　*Copsychus saularis* (Linnaeus)

北红尾鸲　*Phoenicurus auroreus* (Pallas)

红尾水鸲　*Phoenicurus fuliginosus* (Vigors)

白顶溪鸲　*Phoenicurus leucocephalus* (Vigors)

白尾蓝地鸲　*Myiomela leucura* (Hodgson)

紫啸鸫　*Myophonus caeruleus* (Scopoli)

小燕尾　*Enicurus scouleri* Vigors

灰背燕尾 *Enicurus schistaceus* (Hodgson)

白冠燕尾 *Enicurus leschenaulti* (Vieillot)

东亚石䳭 *Saxicola stejnegeri* (Parrot)

灰林䳭 *Saxicola ferreus* J. E. Gray *et* G. R. Gray (Gray)

栗腹矶鸫 *Monticola rufiventris* (Jardine *et* Selby)

蓝矶鸫 *Monticola solitarius* (Linnaeus)

白喉林鹟　*Cyornis brunneatus* (Slater)

乌鹟　*Muscicapa sibirica* Gmelin

北灰鹟 *Muscicapa dauurica* Pallas

褐胸鹟 *Muscicapa muttui* (Layard)

白眉姬鹟　*Ficedula zanthopygia* (Hay)

鸲姬鹟　*Ficedula mugimaki* (Temminck)

红喉姬鹟 *Ficedula albicilla* (Pallas)

白腹蓝鹟　*Cyanoptila cyanomelana* (Temminck)

琉璃蓝鹟 *Cyanoptila cumatilis* Thayer *et* Bangs

小仙鹟　*Niltava macgrigoriae* (Burton)

河乌科 Cinclidae

褐河乌 *Cinclus pallasii* Temminck

叶鹎科 Chloropseidae

橙腹叶鹎 *Chloropsis hardwickii* Jardine *et* Selby

啄花鸟科 Dicaeidae

红胸啄花鸟 *Dicaeum ignipectus* (Blyth)

太阳鸟科 Nectariniidae

叉尾太阳鸟 *Aethopyga christinae* Swinhoe

雀科 Passeridae

树麻雀　*Passer montanus* (Linnaeus)

山麻雀　*Passer cinnamomeus* (Gould)

梅花雀科 Estrildidae

白腰文鸟 *Lonchura striata* (Linnaeus)

斑文鸟 *Lonchura punctulata* (Linnaeus)

鹡鸰科 Motacillidae

山鹡鸰　*Dendronanthus indicus* (Gmelin)

黄鹡鸰　*Motacilla tschutschensis* Gmelin

灰鹡鸰 *Motacilla cinerea* Tunstall

白鹡鸰 *Motacilla alba* Linnaeus

田鹨　*Anthus richardi* Vieillot

树鹨　*Anthus hodgsoni* Richmond

粉红胸鹨 *Anthus roseatus* Blyth　　**黄腹鹨** *Anthus rubescens* (Tunstall)

水鹨 *Anthus spinoletta* (Linnaeus)

山鹨　*Anthus sylvanus* (Blyth)

燕雀科 Fringillidae

燕雀　*Fringilla montifringilla* Linnaeus

黑尾蜡嘴雀 *Eophona migratoria* Hartert

普通朱雀 *Carpodacus erythrinus* (Pallas)

褐灰雀 *Pyrrhula nipalensis* Hodgson

金翅雀 *Chloris sinica* (Linnaeus)

鹀科 Emberizidae

蓝鹀 *Emberiza siemsseni* (Martens)

三道眉草鹀 *Emberiza cioides* Brandt

白眉鹀　*Emberiza tristrami* Swinhoe

栗耳鹀　*Emberiza fucata* Pallas

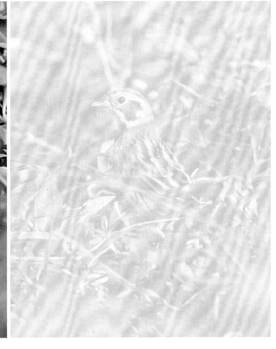

小鹀 *Emberiza pusilla* Pallas

黄眉鹀 *Emberiza chrysophrys* Pallas

田鹀 *Emberiza rustica* Pallas

灰头鹀 *Emberiza spodocephala* Pallas

黄胸鹀 *Emberiza aureola* Pallas

凤头鹀 *Emberiza lathami* Gray

黄喉鹀　*Emberiza elegans* Temminck

栗鹀　*Emberiza rutila* Pallas

第 **5** 章

罗霄山脉
哺乳动物

　　罗霄山脉科学考察共记录哺乳动物7目22科87种。劳亚食虫目EULIPOTYPHLA：猬科Erinaceidae 1种，鼹科Talpidae 2种，鼩鼱科Soricidae 5种。翼手目 CHIROPTERA：菊头蝠科Rhinolophidae 7种，蹄蝠科Hipposideridae 4种，蝙蝠科Vesperitilionidae 22种。灵长目 PRIMATES：猴科Cercopithecidae 1种。食肉目CARNIVORA：犬科Canidae 1种，鼬科Mustelidae 6种，灵猫科Viverridae 4种，獴科Herpestidae 1种，猫科Felidae 1种。鲸偶蹄目 CETARTIODACTYLA：猪科Suidae 1种，鹿科Cervidae 5种，牛科Bovidae 1种。啮齿目 RODENTIA：鼯鼠科Pteromyidae 1种，松鼠科Sciuridae 4种，仓鼠科Cricetidae 2种，鼠科Muridae 13种，竹鼠科Rhizomyidae 2种，豪猪科Hystricidae 1种。兔形目 LAGOMORPHA：兔科Leporidae 2种。有影像记录的如下。

劳亚食虫目 EULIPOTYPHLA

猬科 Erinaceidae

东北刺猬　*Erinaceus amurensis* (Schrenk)

鼹科 Talpidae

长吻鼹 *Euroscaptor longirostris* (Milne-Edwards)

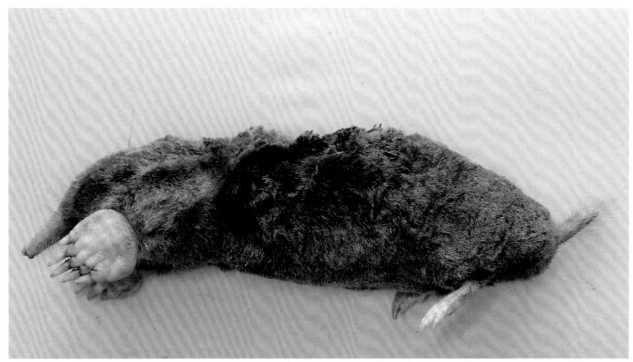

鼩鼱科 Soricidae

微尾鼩 *Anourosorex squamipes* Milne-Edwards

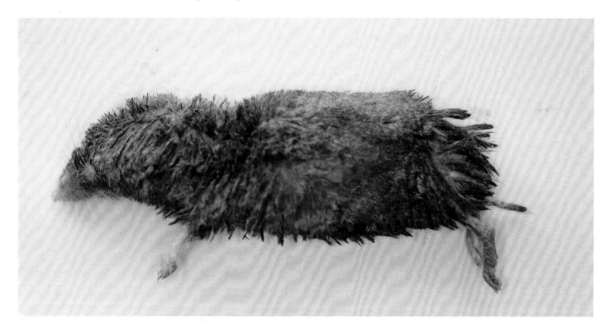

臭鼩 *Suncus murinus* (Linnaeus)

灰麝鼩　*Crocidura attenuata* Milne-Edwards

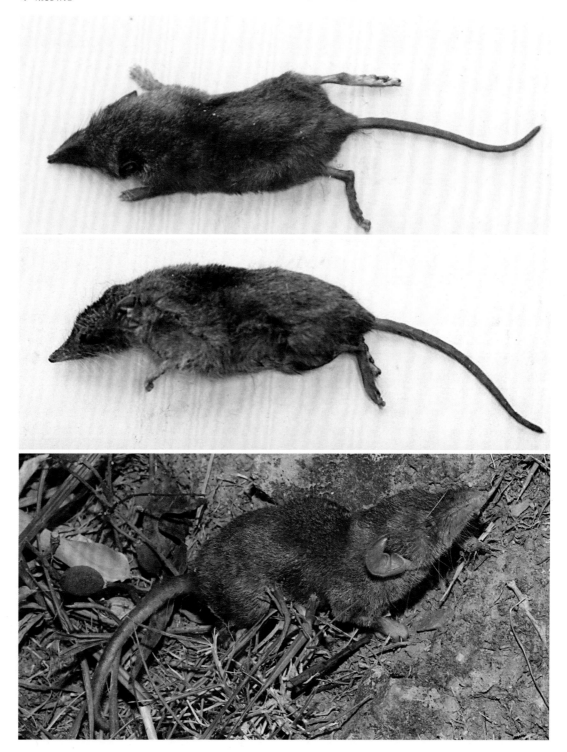

翼手目 CHIROPTERA

菊头蝠科 Rhinolophidae

中菊头蝠 *Rhinolophus affinis* Horsfield

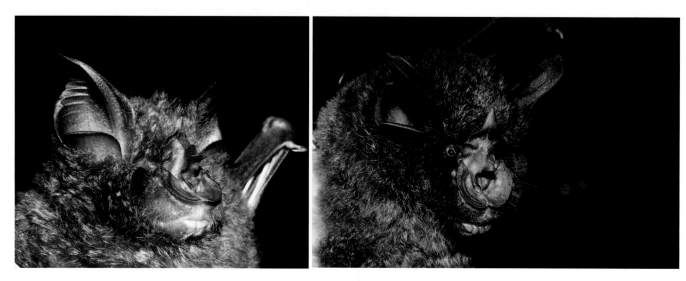

华南菊头蝠 *Rhinolophus huananus* Wu

大菊头蝠 *Rhinolophus luctus* Temminck

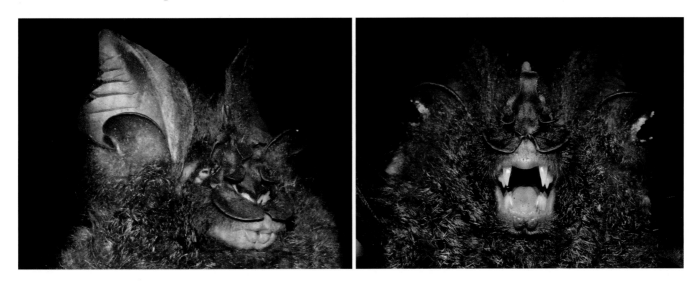

大耳菊头蝠 *Rhinolophus macrotis* Blyth

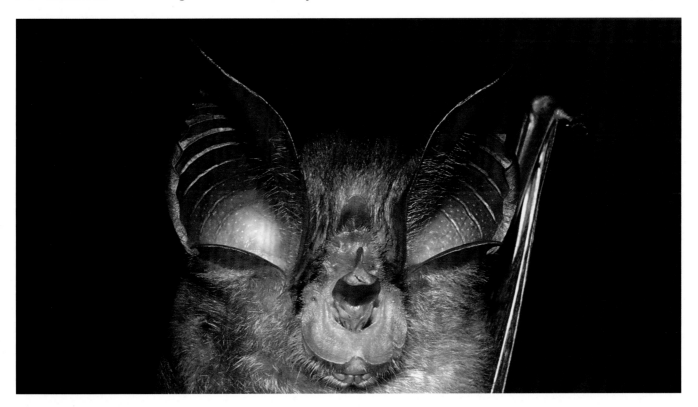

皮氏菊头蝠 *Rhinolophus pearsonii* Horsfield　小菊头蝠 *Rhinolophus pusillus* (Temminck)

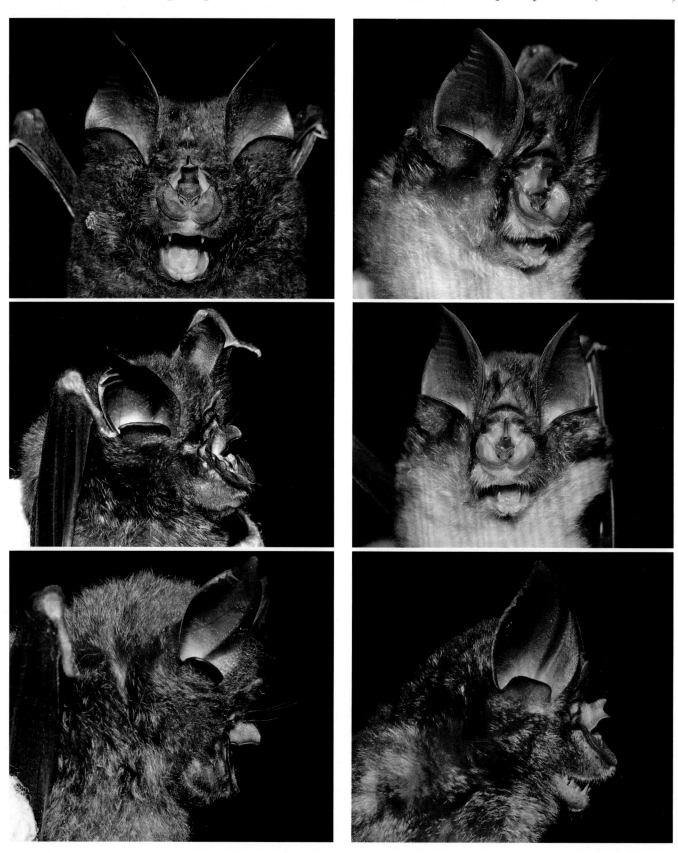

中华菊头蝠 *Rhinolophus sinicus* Andersen

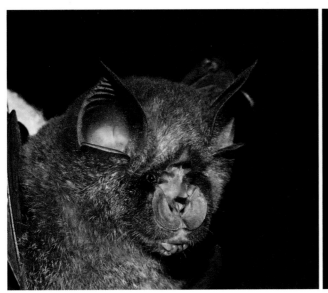

蹄蝠科 Hipposideridae

大蹄蝠 *Hipposideros armiger* (Hodgson)

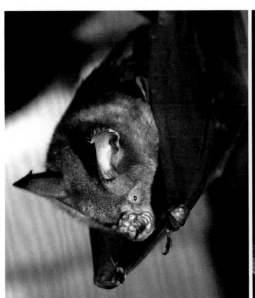

无尾蹄蝠 *Coelops frithi* Blyth

蝙蝠科 Vespertilionidae

大卫鼠耳蝠 *Myotis davidii* Peters

西南鼠耳蝠 *Myotis altarium* Thomas

中华鼠耳蝠 *Myotis chinensis* (Tomes)

渡濑氏鼠耳蝠　*Myotis rufoniger* Tomes

长指鼠耳蝠　*Myotis longipes* (Dobson)

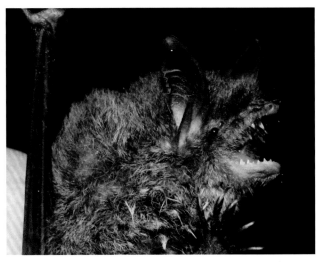

金黄鼠耳蝠　*Myotis formosus* (Hodgson)

华南水鼠耳蝠　*Myotis laniger* (Peters)

东亚伏翼　*Pipistrellus abramus* (Temminck)

中华山蝠　*Nyctalus plancyi* Gerbe

褐扁颅蝠 *Tylonycteris robustula* Thomas

 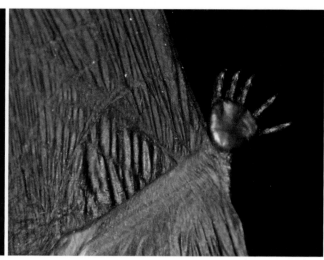

斑蝠 *Scotomanes ornatus* (Blyth)

亚洲长翼蝠 *Miniopterus fuliginosus* Hodgson

艾氏管鼻蝠 *Murina eleryi* Furey

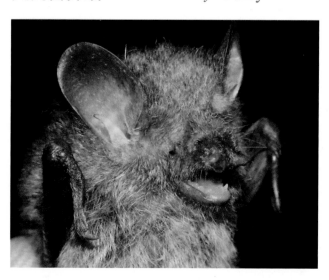 

哈氏管鼻蝠　*Murina harrisoni* Csorba *et* Bates

中管鼻蝠　*Murina huttoni* (Peters)

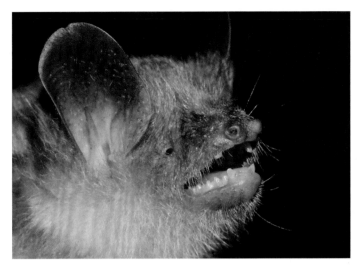

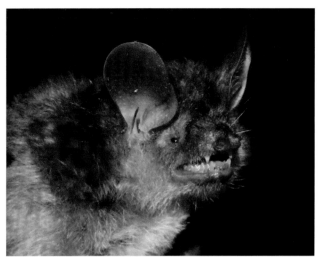

水甫管鼻蝠　*Murina shuipuensis* Eger *et* Lim

毛翼管鼻蝠　*Harpiocephalus harpia* (Temminck)

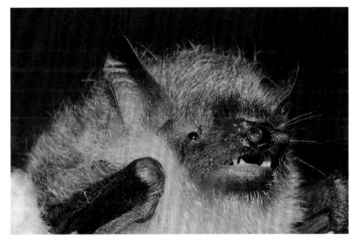

暗褐彩蝠　*Kerivoula furva* Kuo *et al.*

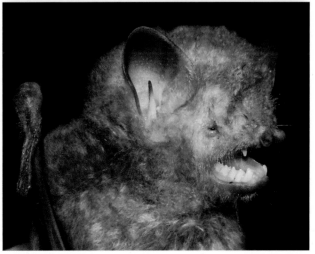

灵长目 **PRIMATES**

猴科 Cercopithecidae

藏酋猴 *Macaca thibetana* (Milne-Edwards)

食肉目 CARNIVORA

犬科 Canidae

貉　*Nyctereutes procyonoides* (Gray)

鼬科 Mustelidae

黄喉貂 *Martes flavigula* (Boddaert)

黄鼬　*Mustela sibirica* Pallas

黄腹鼬 *Mustela kathiah* Hodgson

鼬獾　*Melogale moschata* (Gray)

亚洲狗獾　*Meles leucurus* (Linnaeus)

猪獾 *Arctonyx collaris* F. Cuvier

灵猫科 Viverridae

小灵猫 *Viverricula indica* Desmartest

斑林狸 *Prionodon pardicolor* Hodgson

果子狸 *Paguma larvata* (Hamilton-Smith)

獴科 Herpestidae

食蟹獴　*Herpestes urva* (Hodgson)

猫科 Felidae

豹猫　*Prionailurus bengalensis* Kerr

鲸偶蹄目 CETARTIODACTYLA

猪科 Suidae

野猪 *Sus scrofa* Linnaeus

鹿科 Cervidae

毛冠鹿 *Elaphodus cephalophus* Milne-Edwards

小麂　*Muntiacus reevesi* (Ogilby)

赤麂 *Muntiacus vaginalis* (Boddaert)

水鹿 *Cervus unicolor* Kerr

牛科 Bovidae

中华鬣羚 *Capricornis milneedwardsii* David

啮齿目 RODENTIA

鼯鼠科 Pteromyidae

红背鼯鼠　*Petaurista petaurista* Pallas

松鼠科 Sciuridae

隐纹花鼠 *Tamiops swinhoei* (Milne-Edwards)

珀氏长吻松鼠 *Dremomys pernyi* (Milne-Edwards)

红腿长吻松鼠 *Dremomys pyrrhomerus* (Thomas)

赤腹松鼠　*Callosciurus erythraeus* (Pallas)

仓鼠科 Cricetidae

黑腹绒鼠 *Eothenomys melanogaster* (Milne-Edwards)

鼠科 Muridae

巢鼠 *Micromys minutus* (Pallas)

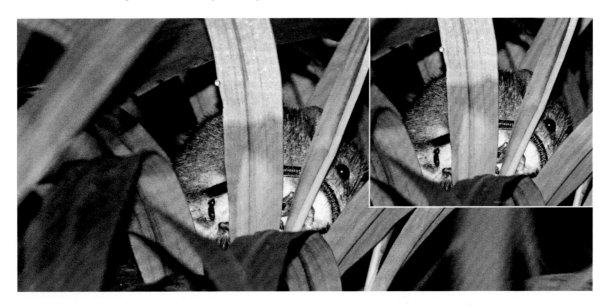

中华姬鼠　*Apodemus draco* (Barrett-Hamilton)

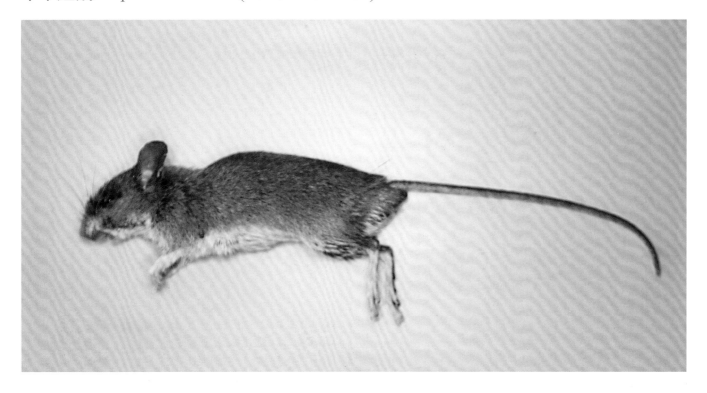

黑线姬鼠　*Apodemus agrarius* (Pallas)

褐家鼠　*Rattus norvegicus* (Berkenhout)

黄胸鼠 *Rattus tanezumi* (Milne-Edwards)

黄毛鼠 *Rattus losea* (Swinhoe)

青毛硕鼠 *Berylmys bowersi* (Anderson)

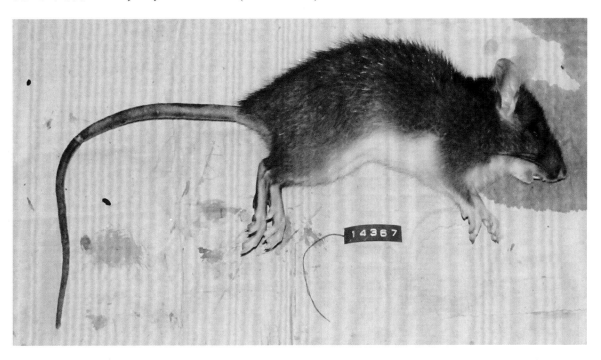

白腹巨鼠 *Leopoldamys edwardsi* (Thomas)

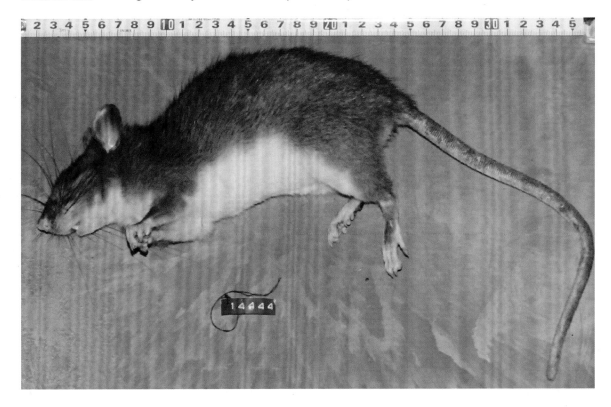

竹鼠科 Rhizomyidae

中华竹鼠 *Rhizomys sinensis* Gray

豪猪科 Hystricidae

豪猪   *Hystrix hodgsoni* (Gray)

兔形目　LAGOMORPHA

兔科 Leporidae

华南兔　*Lepus sinensis* Gray

蒙古兔（草兔）　*Lepus tolai* Pallas

参考文献

陈武华, 黄文娟, 杨道德. 2009. 江西武功山国家森林公园野生动物资源及保护对策. 江西林业科技, (4): 36-40.

程松林, 林剑声. 2011. 江西武夷山国家级自然保护区鸟类多样性调查. 动物学杂志, 46(5): 66-78.

承勇, 宋玉赞, 赵健, 郑艳玲, 崔国发. 2011. 江西井冈山国家级自然保护区鸟类资源调查与分析. 四川动物, 30(2): 277-282.

戴年华, 刘玮, 蔡汝林. 1997. 江西省官山自然保护区鸟类调查初报. 江西科学, 15(4): 243-246.

费梁, 叶昌媛, 江建平. 2012. 中国两栖动物及其分布彩色图鉴. 成都: 四川科学技术出版社.

黄晓凤, 单继红, 孙志勇, 汪志如, 涂叶茍, 崔国发, 卢和军, 黄声亮. 2009. 江西齐云山自然保护区鸟类区系与多样性分析. 四川动物, 28(2): 302-308.

黄族豪, 郭会晨, 肖宜安, 左传薪, 宋玉赞. 2009. 井冈山国家级自然保护区鸟类资源研究. 江西师范大学学报(自然科学版), 33(4): 452-457.

廖文波, 王英永, 李贞, 彭少麟, 陈春泉, 凡强, 贾凤龙, 王蕾, 刘蔚秋, 尹国胜, 石祥刚, 张丹丹. 2014. 中国井冈山地区生物多样性综合科学考察. 北京: 科学出版社.

廖文波, 王蕾, 王英永, 刘蔚秋, 贾凤龙, 沈红星, 凡强, 李太辉, 杨树林. 2018. 湖南桃源洞国家级自然保护区生物多样性综合科学考察. 北京: 科学出版社.

刘阳, 陈水华. 2021. 中国鸟类观察手册. 长沙: 湖南科学技术出版社.

沈猷慧, 等. 2014. 湖南动物志 两栖纲. 长沙: 湖南科学技术出版社.

王英永, 陈春泉, 赵健, 吴毅, 吕植桐, 杨剑焕, 余文华, 林剑声, 刘祖尧, 王健, 杜卿, 张忠, 宋玉赞, 汪志如, 何桂强. 2017. 中国井冈山地区陆生脊椎动物彩色图谱. 北京: 科学出版社.

熊彩云, 黄晓凤, 单继红, 涂叶茍, 汪志如, 孙志勇, 刘礼河, 张永明, 钟平华. 2009. 江西南风面自然保护区野生动物资源调查分析. 江西林业科技, (2): 39-40.

杨道德, 马建章, 黄文娟, 陈武华. 2004. 武功山国家森林公园夏季鸟类资源调查. 中南林学院学报, 24(5): 87-92.

杨剑焕, 洪元华, 赵健, 张昌友, 王英永. 2013. 5种江西省两栖动物新纪录. 动物学杂志, 48(1): 129-133.

曾南京, 俞长好, 刘观华, 钱法文. 2018. 江西省鸟类种类统计与多样性分析. 湿地科学与管理, 14(2): 50-60.

郑光美. 2017. 中国鸟类分类与分布名录. 3版. 北京: 科学出版社.

曾昭驰, 张昌友, 袁银, 吕植桐, 王健, 王英永. 2017. 红吸盘棱皮树蛙新纪录及其分布区扩大. 动物学杂志, 52(2): 235-243.

Frost DR. 2019. Amphibian Species of the World: an Online Reference. Version 6.0. http://research.amnh. org/vz/herpetology/amphibia[2019-4-4].

Liu ZY, Chen GL, Zhu TQ, Zeng ZC, Lyu ZT, Wang J, Messenger K, Greenberg AJ, Guo ZX, Yang ZH, Shi SH, Wang YY. 2018. Prevalence of cryptic species in morphologically uniform taxa – Fast speciation in Asian frogs. Molecular Phylogenetics and Evolution, 127: 723-731.

Lyu ZT, Huang LS, Wang J, Li YQ, Chen HH, Qi S, Wang YY. 2019. Description of two cryptic species of the *Amolops ricketti* group (Anura, Ranidae) from Southeastern China. ZooKeys, 812: 133-156.

Lyu ZT, Dai KY, Li Y, Wan H, Liu ZY, Qi S, Lin SM, Wang J, Li YL, Zeng YJ, Li PP, Pang H, Wang YY. 2020. Comprehensive approaches reveal three cryptic species of genus Nidirana (Anura, Ranidae) from China. ZooKeys, 914: 127-159.

Shen YH, Jiang JP, Mo XY. 2012. A new species of the genus *Tylototriton* (Amphibia, Salamandridae) from Hunan, China. Asian Herpetological Research. Serial 2, 3: 21-30.

Wan H, Lyu ZT, Qi S, Zhao, Li PP, Wang YY. 2020. A new species of the *Rana japonica* group (Anura, Ranidae, Rana) from China, with a taxonomic proposal for the *R. johnsi* group. ZooKeys, 942: 141-158.

Wang J, Lyu ZT, Liu ZY, Liao CK, Zeng ZC, Zhao J, Li YL, Wang YY. 2019. Description of six new species of the subgenus *Panophrys* within the genus *Megophrys* (Anura, Megophryidae) from Southeastern China based on molecular and morphological data. ZooKeys, 851: 113-164.

Wang YY, Zhang TD, Zhao J, Sung YH, Yang JH, Pang H, Zhang Z. 2012. Description of a new species of the genus *Xenophrys* Günther, 1864 (Amphibia: Anura: Megophryidae) from Mount Jinggang, China, based on molecular and morphological data. Zootaxa, 3546: 53-67.

Wang YY, Zhao J, Yang JH, Zhou ZX, Chen GL, Liu Y. 2014. Morphology, molecular genetics, and bioacoustics support two new sympatric *Xenophrys* (Amphibia: Anura: Megophryidae) species in Southeast China. PLoS ONE, 9(4): e93075.

Yuan ZY, Zhao HP, Jiang K, Hou M, He L, Murphy RW, Che J. 2014. Phylogenetic relationships of the genus *Paramesotriton* (Caudata: Salamandridae) with the description of a new species from Qixiling Nature Reserve, Jiangxi, Southeastern China and a key to the species. Asian Herpetological Research, 5(2): 67-79.

Zeng ZC, Zhao J, Chen CQ, Chen GL, Zhang Z, Wang YY. 2017. A new species of the genus *Gracixalus* (Amphibia: Anura: Rhacophoridae) from Mount Jinggang, Southeastern China. Zootaxa, 4250(2): 171-185.

Zhao EM, Adler K. 1993. Herpetology of China. Society for the Study of Amphibians and Reptiles.

Zhao J, Yang JH, Chen GL, Chen CQ, Wang YY. 2014. Description of a new species of the genus *Brachytarsophrys* Tian and Hu, 1983 (Amphibia: Anura: Megophryidae) from Southern China based on molecular and morphological data. Asian Herpetological Research, 5(3): 150-160.

附 录

在罗霄山脉地区生物多样性综合科学考察中，共记录脊椎动物35目137种657种，其中36种在野外考察中未收集到照片，记录于此，待后续考察补充。

鱼 类

鲤形目 CYPRINIFORMES

鲤科 Cyprinidae

片唇鮈 *Platysmacheilus exiguous* (Lin)

湘江蛇鮈 *Saurogobio xiangjiangensis* Tang

宜昌鳅鮀 *Gobiobotia filifer* (Garman)

长须鳅鮀 *Gobiobotia longibarba* Fang *et* Wang

平鳍鳅科 Balitoridae

中华原吸鳅 *Erromyzon sinensis* (Chen)

犁头鳅 *Lepturichthys fimbriata* (Günther)

鲇形目 SILURIFORMES

鲇科 Siluridae

南方鲇 *Silurus meridionalis* Chen

越南鲇 *Pterocryptis cochinchinensis* (Valenciennes)

鲿科 Bagridae

细体拟鲿 *Pseudobagrus pratti* (Günther)

白边拟鲿 *Pseudobagrus albomarginatus* (Rendahl)

钝头鮠科 Amblycipitidae

白缘𩾌 *Liobagrus marginatus* (Günther)

鰕虎鱼科 Gobiidae

溪吻鰕虎鱼 *Rhinogobius duospilus* (Herre)

两栖动物

有尾目 CAUDATA

蝾螈科 Salamandridae

浏阳疣螈 *Tylototriton liuyangensis* Yang, Jiang, Shen *et* Fei

无尾目 ANURA

蛙科 Ranidae

金线侧褶蛙 *Pelophylax plancyi* (Lataste)

小竹叶臭蛙 *Odorrana* cf. *exiliversabilis* Li, Ye *et* Fei

中华湍蛙 *Amolops sinensis* Lyu, Wang *et* Wang

爬行动物

有鳞目 SQUAMATA

蜥蜴亚目 Lacertilia

壁虎科 Gekkonidae

铅山壁虎 *Gekko hokouensis* Pope

蛇亚目 Serpentes

游蛇科 Colubridae

红纹滞卵蛇 *Oocatochus rufodorsatus* (Cantor)

哺乳动物

劳亚食虫目 EULIPOTYPHLA

鼹科 Talpidae

华南缺齿鼹 *Mogera insularis* (Swinhoe)

鼩鼱科 Soricidae

南小麝鼩 *Crocidura indochinensis* Robinson *et* Kloss

喜马拉雅水鼩 *Chimarrogale himalayica* (Gray)

翼手目 CHIROPTERA

蹄蝠科 Hipposideridae

普氏蹄蝠 *Hipposideros pratti* (Thomas)

中蹄蝠 *Hipposideros larvatus* (Horsfield)

蝙蝠科 Vesperitilionidae

长尾鼠耳蝠 *Myotis frater* G. Allen

大足鼠耳蝠 *Myotis pilosus* (Peters)

东亚水鼠耳蝠 *Myotis petax* (Hollister)

爪哇伏翼 *Pipistrellus javanicus* (Gray)

食肉目 CARNIVORA

灵猫科 Viverridae

大灵猫 *Viverra zibetha* Linnaeus

鲸偶蹄目 CETARTIODACTYLA

鹿科 Cervidae

獐 *Hydropotes inermis* Swinhoe

啮齿目 RODENTIA

仓鼠科 Cricetidae

东方田鼠 *Microtus fortis* Buchner

鼠科 Muridae

黑家鼠 *Rattus rattus* Linnaeus

大足鼠 *Rattus nitidus* (Hodgson)

社鼠 *Niviventer confucianus* (Milne-Edwards)

针毛鼠 *Niviventer fulvescens* (Gray)

小家鼠 *Mus musculus* Linnaeus

竹鼠科 Rhizomyidae

银星竹鼠 *Rhizomys pruinosus* Blyth

中文名索引

拉丁名索引